U0792983

世界兵器解码

轰炸机篇

北京中科鹦鹉螺软件有限公司　组编

谢宗仁　骆建成　编著

机械工业出版社
CHINA MACHINE PRESS

轰炸机作为作战飞机中的巨无霸，以它强悍的杀伤力和强大的气场震撼着广大军迷。本书邀请了该领域权威专家通过专业视角为读者解码轰炸机，首先从轰炸机的基本概念、基本分类入手；然后解析了现役轰炸机的典型代表，包括其性能、参数、内部结构；最后介绍了轰炸机的基本战术运用、相关故事与战例等内容。特别值得一提的是，本书部分精美图片是由专业软件建模团队负责呈现，让读者详细了解轰炸机知识的同时还能够通过不同角度感受轰炸机的磅礴气势。

图书在版编目（CIP）数据

世界兵器解码. 轰炸机篇 / 北京中科鹦鹉螺软件有限公司组编；谢宗仁，骆建成编著. — 北京：机械工业出版社，2021.4（2025.9 重印）
ISBN 978-7-111-68212-7

Ⅰ. ①世… Ⅱ. ①北… ②谢… ③骆… Ⅲ. ①轰炸机 – 世界 – 通俗读物
Ⅳ. ①E92-49

中国版本图书馆CIP数据核字（2021）第087447号

机械工业出版社（北京市百万庄大街22号 邮政编码100037）
策划编辑：韩伟喆 责任编辑：赵 屹 韩伟喆
责任校对：赵 燕 责任印制：张 博
北京瑞禾彩色印刷有限公司印刷

2025年9月第1版第9次印刷
215mm × 225mm · 8.4印张 · 202千字
标准书号：ISBN 978-7-111-68212-7
定价：69.00元

电话服务 网络服务
客服电话：010-88361066 机 工 官 网：www. cmpbook. com
010-88379833 机 工 官 博：weibo. com/cmp1952
010-68326294 金 书 网：www. golden-book. com
封底无防伪标均为盗版 机工教育服务网：www. cmpedu. com

序

《诗经·小雅·鹤鸣》中有一句耳熟能详的话，叫“他山之石，可以攻玉”。这里面包含了很强的辩证法和中国智慧，体现了中华传统文化中的“通变”思维，也是我们这个民族历经五千年不衰，且不断焕发活力的文化密码。

循着这样一个思维逻辑，无论是从历史还是从现实中，都能找到很多经得起历史和实践检验的经典案例。机械工业出版社出版的这套《世界兵器解码》系列图书，就是将“他山之石”为我所用、所鉴的一个很好探索。从这个角度看，这套《世界兵器解码》系列图书至少可以解决两个方面的问题：一个是透过这套书，可以了解当代世界主要武器装备或武器平台的基本情况和发展趋势，获得更宽阔的视野。另一个是，可以激发国民，尤其是年轻人对军事武器装备的兴趣，进而淬炼强军尚武的情怀。

当今世界新格局新形势下，在全社会加强国防教育和培养尚武精神的重要性更加凸显。全民皆兵、寓军于民这些传统的理念，都有了新的内涵和形式。为社会提供优质的军事科普书刊，则是为这样的传统理念注入新的知识、新的观念、新的动力的最好途径。现在一部分年轻男性存在的一个很大问题是缺乏阳刚之气和血性。国家领导人提出的要培养“四有”新一代革命军人的要求，其中很重要的一条就是要有血性。因为血性不仅是中国军人战斗力的精神内核，更是中华民族能够压倒一切敌人而不被敌人所压倒的英雄气概。我们发现一个十分有趣又值得深思的现象：越是国防意识强烈、军事科普知识丰富的年轻人，越是崇尚英雄硬汉。这就从一个侧面说明了军事科普的看得见与看不见的多重效应。

我长期从事军事新闻工作，退休后又继续从事军事文化研究。我们看到，近十多年来，军事科普读物，已经成为全民国防教育不可或缺的重要教材。其中，武器装备类的书刊，更是越来越受广大青少年所喜爱，并产生越来越大的影响力。机械工业出版社过往推出的一大批这方面的书籍，就产生了良好的反响和社会效益。我深度接触过许多军事文化爱好者特别是军迷群体中的朋友，从他们那里得知，一本好的军事科普书刊的影响力，真的大到局外人难以想象。有很多青少年读者，受一本书刊的影响，或者改变了自己的专业方向，或者发现了一个全新的思路，或者实现了某一场景下的弯道超车，或者准确预测出某项技术的走向，如此等等，不一而足。以致从读者群中催生出了一个个人才，成就了一项项事业。军事科普读物为什么会产生如此强大的效应？我想，应该是这样一个逻辑：武器装备，是作战理论、概念的物化和各项最新科学技术应用的终端集成，其读物，自然也就成为一座座知识宝库。这也正是有那么多人喜欢武器装备类书刊的原因所在。

基于这样一个认识和一个老军人的情怀，当这套书的作者带着书稿找到我时，我欣然同意为这套书作序。除了共识和情怀上的共鸣，这套书选取的题材和写作风格我也比较认可，无论是内容还是相应的图片都很吸引人，也有不少独到和创新之处。一个是内容比较系统。这套书对航空母舰、驱逐舰、潜艇、战斗机、轰炸机等武器装备都做了非常全面系统的梳理，内容丰富、结构严谨、逻辑性很强。这套书所选取的武器装备，既是世界各军事大国争相发展的重点，也是我军装备事业发展的主要方向。武器装备是军队现代化的重要标志，是国家安全和民族复兴的重要支撑。中国这样一个世界性大国，发展与国家地位相称、同国家发展利益相适应的军事力量至关重要，这是中华民族伟大复兴和我国有效应对世界百年未有之大变局的必然要求。我很欣喜地看到，这套书涉及到的武器装备，仅就其知识的完整性、系统性而言，就有不少可圈可点的价值。二是视角比较新颖。这套书在写作结构上比较注重创新，既有知识科普的内容，介绍相关的武器装备及作战性能，也有对内部设计、相关参数、优缺点评估等技术层面的深度解剖，还有作战样式、作战理论等的梳理和归纳。这些研究上的创新点，既有很好的知识性，也增加了趣味性，让人有继续读下去的愿望，很吸引人。三是研究上突出了思想性。一篇文章、一个报告乃至一本书有没有价值，关键看有没有思想，思想是一本书的灵魂。这套书，通过对大量公开资料的收集、归纳、整理，把冰冷的武器装备与一幅幅精彩的图片和应用案例剖析、历史经典战例解读等串起来，很有思想性，给人带来启发和思考，很是难得。

在人类社会发展的历史长河中，从冷兵器时代的刀枪剑戟、斧钺钩叉，到近代兵器的毛瑟枪、来复枪、火炮，再到现代的机枪、远程大炮、坦克、飞机、导弹、核武器、电子武器等热兵器，总有一种或几种武器在一段时间内独占鳌头、独领风骚，并在战争中尽显风流。尤其是伴随着军事高技术的迅猛发展，信息系统的超强指挥能力和武器系统全纵深打击能力的发展，“非接触性作战”已经成为高技术条件下局部战争的主要特点。所谓“非接触性作战”，就是充分利用战场情报获取能力和电子战优势，摸准对手“关键”地段或要害目标，实施突如其来的“非接触性”打击，通过重创敌人直接达成作战目的。而“非接触性作战”的基本前提条件是我方所拥有的作战装备能对敌要害目标实施精准打击。这套书所选取的武器装备，无疑都是“非接触性作战”的主要作战载体，也是当下世界军事舞台上的主角，在特定条件下甚至决定着战争的胜负，值得研究。我的一个体会：凡是出版物中的精品力作，一定都具备内容丰富、选题精彩、思想性和可读性强等突出特点。这套书，在很多方面满足了这些条件，相信它能成为那种一看就吸引人，拿起就放不下，打开就合不上的上品读物。

饶洪桥 于北京寓所

2021 年 3 月 1 日

目 录

C O N T E N T S

第一章 CHAPTER 1

轰炸机的发展历程、地位与作用

问世初期

轰炸机设计思想的由来

拥有空中力量的优势，就意味着拥有制空权。

第一次在战争中使用空中力量的历史可以追溯到 1794 年的弗勒吕斯战役。此次战役中，法国航空兵团使用观测气球从空中侦察了敌方的阵地。美国南北战争期间，亚伯拉罕·林肯对使用空中力量倍感兴趣，指定气球驾驶员撒迪厄斯·洛作为军方的首席气球驾驶员。1861 年，北方的联邦军在第一次牛奔河战役期间首次使用了观测气球，随后，南方的联盟军也开始使用。

第一次世界大战爆发初期，交战国的 11 个大型飞艇（含德国“齐柏林”飞艇 9 个）不仅用于侦察飞行，也开始进行原始的轰炸。1914 年 8 月 5 日夜，德国 Z-6 号“齐柏林”飞艇成功地轰炸了列日要塞，1915 年 1 月 19 日，德国飞艇开始轰炸英国本土，由于交战国战斗机尚未全面普及，行动缓慢、体态臃肿的飞艇才得以屡屡成功。但当时的飞艇体积大、速度慢，艇体内充斥的都是氢气，安全性存在着极大的隐患。因此，把飞艇作为对敌方进行轰炸的工具并没有持续很长的时间。

事实上，在轰炸机诞生之前，对敌方进行空中轰炸就已经在一些军事行动中开始。1910 年，有人就进行了从空中手掷爆炸物品的试验。

而固定翼飞机首次在战场上进行轰炸行动是在 1911 年的利比亚。当时，意大利与奥斯曼土耳其帝国正处于交战之中，意大利军方出动了固定翼飞机对敌方阵地进行空中侦察和轰炸。1911 年 11 月 1 日，意大

一战时期，德国“齐柏林”飞艇队利用氢气飞艇进行海上巡逻、远程轰炸和空中运输等军事行动。

早期的“鸽”式单翼机。

真实存在的“手掷式”投弹方式。

利航空队的吉利奥·加沃蒂少尉驾驶着德制“鸽”式单翼机，向北非塔吉拉绿洲和艾因扎拉地区的土耳其军队徒手投掷了 4 枚重达 2 千克的“西佩利”式榴弹，突然降临的榴弹将土军士兵吓得四散奔逃。伴随着几声“轰隆”巨响，人类使用飞机轰炸地面目标的行动就此展开，空中投弹轰炸的雏形由此诞生。

一战期间，飞机首先被用于空中侦察，然后才被当成战争机器。在敌对双方彼此开展空中侦察的过程中，随着空中侦察人员不断飞越交战线，盘旋在敌军阵地上空，他们意识到完全可以向下面扔点什么能够爆炸的东西。此时，飞机作为轰炸的用途被提上议事日程，一些用于侦察的飞机开始携带爆炸物，战术轰炸的作战形式也在人类军事航空史上拉开了序幕。

第一款轰炸机的诞生——俄国“伊利亚·穆罗梅茨”轰炸机

一战初期，大部分交战国执行空中轰炸任务的飞机是由侦察机或者水上飞机改装而来，这些飞机普遍存在载弹量小、航程短、投弹精度差等缺点。

1913 年底，世界上第一款专门设计的轰炸机——“伊利亚·穆罗梅茨”重型轰炸机研制成功。设计者是俄国人伊戈尔·伊万诺维奇·西科尔斯基，他不仅主导研制了世界上第一款实用型直升机，还是战略空中力量理论探索的先驱者之一。

“伊利亚·穆罗梅茨”是一种远程四发（四台发动机）重型轰炸机，它由圣彼得堡RBVZ机械制造厂生产制造。相比过去原始的飞艇或改装的小飞机，专为轰炸任务量身定做的“伊利亚·穆罗梅茨”在飞行距离、载弹能力、投放精度等方面都有了大幅提升。该机长17.5米，翼展38米，空重4500千克，最大起飞重

“伊利亚·穆罗梅茨”重型轰炸机设计者——俄国人伊戈尔·伊万诺维奇·西科尔斯基。

“伊利亚 · 穆罗梅茨”重型轰炸机首次采用电动投弹器、轰炸瞄准具、驾驶领航仪表等一些当时很先进的轰炸 / 导航设备。

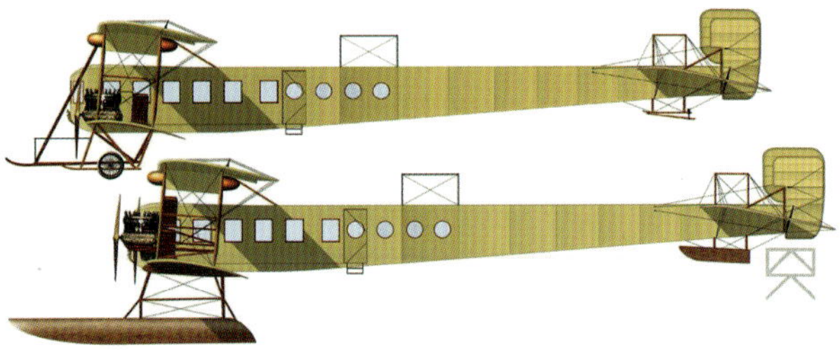

“伊利亚 · 穆罗梅茨”重型轰炸机的平面侧视图（陆上型号和水上型号）。

量7000千克，最大平飞速度137千米/小时，实用升限4000米，航程540千米，装有6~8挺机枪，可携带800千克左右的炸弹。机身内有炸弹舱，并首次采用电动投弹器、轰炸瞄准具、驾驶领航仪表等一些当时很先进的轰炸/导航设备。

1914 年 12 月，俄国用“伊利亚 · 穆罗梅茨”组建了世界第一支重型轰炸机部队“飞船大队”。在 1914 年至 1915 年的冬季，有相当多数量的“伊利亚 · 穆罗梅茨”被俄国投入到针对德国境内目标的空袭之中。每架轰炸机的有效载荷超过半吨，它们能飞越边境，攻击德国境内纵深地区的目标，开创了战争史上战略轰炸的先河。

一战期间，俄国共制造了 73 架“伊利亚 · 穆罗梅茨”重型轰炸机，执行了 422 次轰炸任务，投弹 2000 余枚。作为当时世界上最大型的飞机，“伊利亚 · 穆罗梅茨”重型轰炸机可以深入敌人后方 100 多千米的腹地进行轰炸，给敌人造成严重损失，并同时执行了侦察任务，为地面部队提供重要情报，取得了不俗的战绩。

“伊利亚 · 穆罗梅茨”重型轰炸机对飞机的制造与发展有着重大影响，直到一战结束，它一直保持着最大最重轰炸机的头衔，其采用的一些轰炸投弹设备成了日后各国发展轰炸机的标准装备。

早期轰炸机的主要特征

早期的轰炸机相对于现代飞机而言，普遍比较“简陋”。大部分轰炸机功能单一，结构简单，机体主要是木制材料。对于当时的制造工艺来说，木材、皮革和轻金属材料都已经可以称得上是轰炸机的“高新技术”了。

意大利的卡普罗尼 Ca30 系列重型轰炸机，在一战中多次完成远程轰炸任务，开拓了战略轰炸机的新天地。

从用途上来说，早期的大部分轰炸机是由通信机或战斗机改装而成，没有专业的弹舱、瞄准器具等设备。一些轰炸机所挂载的炸弹就直接放在机头下方的支架上，投弹方式简单粗暴，甚至直接用目视投弹，命中概率基本靠“运气”。由于航速、里程、高度受限，大部分早期轰炸机都很强调自身的生存能力，机载机枪几乎成为标配，成为与战斗机对抗的主要武器。

一战时期，轰炸机诞生并投入实战应用，成为攻击敌人各类地面目标的主要投射工具。德国、英国、法国、俄国、意大利等国家纷纷开始进行轰炸机的设计与生产，这些轰炸机的基本形态类似，采用木材、金属与皮革等材料的蒙皮结构，开放式座舱，配备少量自卫武器，炸弹由后舱飞行员用手投掷。

第一次世界大战结束后，轰炸机的地位和作用开始被更多的人所认识，相关技术和战术有了较快的发展。飞机从双翼布局逐渐过渡到单翼形式，发动机功率增大，可靠性提高，综合性能日臻完善，领航与瞄准设备专业化，开始出现轻、中、重型飞机功能的细分。

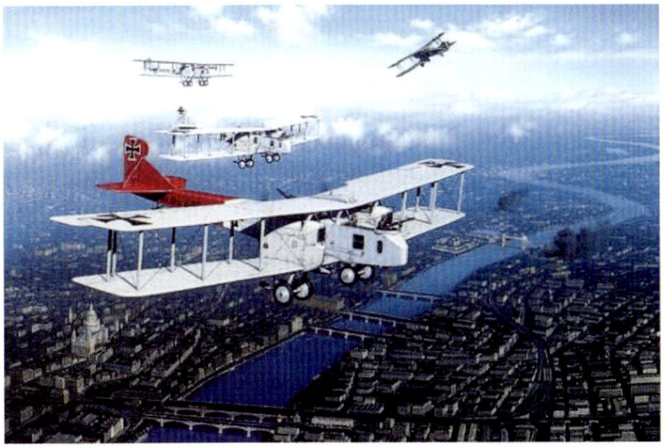

一战时期著名的德国“哥达”双翼战略轰炸机，它的发动机设置在下层机翼上方，螺旋桨的桨叶在发动机的后方。这种结构设计也很有时代特色，在飞机飞行时能提供向前的推进力，这种结构设计在当时的飞机设计思想中占据主流。

第一次世界大战为轰炸机技术的发展和作战模式的建立提供了最佳土壤，尽管轰炸的效果和规模还达不到人们理想中的目标，但为今后空中作战的思想和各国空军发展的方向提供了借鉴。

二战时期

一战中轰炸机的设计、生产和作战实践，直接导致杜黑的“制空权”、米切尔的“国防论”等军事理论的诞生，这些理论又进一步影响了轰炸机的发展。

第二次世界大战期间，人们对轰炸机的使用进行了广泛的验证，在轰炸机的设计与性能需求、任务的规划和执行、目标的选择与效果评估等方面都进行了更深入的研究，为现代轰炸机的发展确定了大致的方向与架构。

轰炸机作战效能在科技发展中的演变

一战结束后，曾经使用过轰炸机的国家强烈意识到空中轰炸巨大的破坏作用，开始发展新型轰炸机。与此同时，随着其他种类飞机的发展，轰炸机也被赋予了越来越多的功能。而航空技术和兵器工业的发展，更是为重型轰炸机的登场创造了良好的条件。大载弹量、远航程、强大的自卫火力成了当时重型轰炸机的主要特征。由于重型轰炸机的出现，一些参战国家的战略纵深变浅，甚至已经没有了纵深。

随着一些有远见的军事家提出了未来作战方式的概念，战术轰炸机的地位也逐渐被人们所认知，为了保护重型轰炸机顺利地执行好任务，一些远航程战斗机陆续登场。20 世纪 30 年代，俯冲轰炸机开始成为战术轰炸机的代表，它们被称为轻型轰炸机或战术轰炸机，这种飞机先向目标投掷炸弹、然后用机枪或航炮进行扫射。二战中的轰炸机普遍由双翼改为单翼，装有多台活塞发动机，马力大，全金属结构，载弹量不断提高，航程不断延长，轰炸瞄准具也在不断改进。

与此同时，航空武器也得到了极大的发展和提高。炸弹的种类大大增加，威力逐步增强，技术开始复杂起来。炸弹的引信和控制技术获得了空前的发展，除了传统的触发式引信外，延时引信、定时引信、非触发引信等都出现在轰炸机所挂载的炸弹上。为了对付地面装甲目标，各主要参战国家的战术轰炸机都配备了大口径机枪和航炮，成为陆战中不可或缺的重要角色。

到第二次世界大战时期，轰炸机已成为各交战国的主要航空兵器，诞生了一大批性能优异、攻击力巨大的轰炸机，种类在百种以上。在这个时期，轰炸机一改一战时期飞机结构简单、材料粗糙的弊端，基本上都采用金属材料作为飞机的外壳和结构性零部件，成员在封闭的座舱内操作飞机，增加了机枪、航炮等自卫武器的数量和威力，关键部位还加装了装甲。一些中型、重型轰炸机开始配备完善的雷达自动瞄准装置及全天候飞行设备，无线电与导航系统开始普及，并将炸弹携带在机体内部，使投弹命中率和作战效能得到巨大提升。

机载设备特别是机载雷达和导航设备也在二战中有了重要发展。轰炸雷达在重型轰炸机上得到了较多使用，通过雷达得到地面和水面目标的影像与轰炸瞄准装置配合使用，使轰炸机在夜间和复杂气象条件下进行云中、云上轰炸成为可能，轰炸机成了一种全天候作战武器。到了 1944 年，轰炸机几乎可以完全依靠

尽管是木质轰炸机，但蚊式轰炸机价格低、性能好、速度快，创造了英国皇家空军轰炸机作战生存率的最佳纪录，不得不令人惊叹。

兰开斯特式轰炸机，在二战期间累计出击 156192 架次，累计投弹 608612 吨，参加了英国对德国的单独战略轰炸、英国和美国联合对德国的战略轰炸。

仪器仪表在夜间飞抵目标上空进行轰炸，这极大增加了敌方防空的难度，提高了轰炸机的生存率。与此同时电子干扰和电子防御设备也不断升级，成了轰炸机的基本装备，对掩护轰炸机突防和降低战损率发挥了重要作用。随着轰炸机升限的提高，飞机的座舱变为增压密闭式，增加了供氧设备，飞行员的生存环境得到了较大改善。

二战末期，大量性能更加先进的轰炸机投入使用，机体结构更加合理，发动机功率更大，普遍装备了超短波电台、无线电罗盘、敌我识别器、消极和积极电子干扰设施、轰炸雷达、自动投弹设备等，轰炸机的作战能力大幅提升。

此时，英国和美国都研制出可以将战火烧至德国心脏地域的重型轰炸机：英国的“兰开斯特”和“哈利法克斯”、美国的B-17“飞行堡垒”和B-24“解放者”，它们日夜不停地狠狠打击“第三帝国”，英国皇家空军负责夜间轰炸，而美国陆军航空队则在白天发动攻击。在这场残酷的搏杀中，美国的B-29轰炸机代表着活塞发动机轰炸机的发展到达了顶峰，它向日本投掷了两枚原子弹，直接加快了第二次世界大战结束的进程。在战争结束末期，德国甚至已经生产出了世界上第一架喷气式轰炸机——阿拉多公司的Ar 234型“闪电”轰炸机，空战革命由此拉开了新的篇章。

轰炸机作战模式在技术推动下的演变

二战期间，飞机制造技术的提高也促进了战术组织形态和作战模式的转化和升级。

轰炸机自卫武器的发展

作战过程中，轰炸机为了提高自身防御能力，都安装了用来进行空中自卫的机枪和航炮。重型轰炸机采用机头、机腹、机尾和顶部配置旋转炮塔的方式，尽可能地减少火力死角，避免对方战斗机找到火力空白区域从而对轰炸机造成威胁。像英国“兰开斯特”、

美国的B-29轰炸机号称“超级空中堡垒”，是二战期间最大的战机，总产量达3900架，还曾经投掷过原子弹，是二战中美军战力最强的轰炸机。

伊尔-2是苏德战争期间苏联的主要轰炸机，广泛用于低空火力支援陆军，被认为是第二次世界大战期间最好的对地攻击机，是著名的坦克杀手。苏军称之为“飞行坦克”，德军称之为“黑色死神”。

美国 B-29 轰炸机的自卫武器数量都在 10 部以上。

战术轰炸机或俯冲轰炸机的火力也得到了相应的提高，像德国的 JU-88 俯冲轰炸机、苏联的伊尔 -2 轰炸机都配备了射速快、威力大的航炮和机枪，不仅能打击敌方的坦克或其他装备，还能有效地杀伤地面有生力量。

早期制导武器的出现

20 世纪 30 年代末至 40 年代初，德国最先研制成功并使用采用无线电制导方式的炸弹 HS-293 和弗里茨 –X。

HS-293 有 V2、V3 两种型号，分别于 1940 年 5 月和 7 月研制成功，它们是在 SC-500 型普通航空炸弹上加装弹翼、尾翼和制导装置制成的飞机型无动力滑翔炸弹，重约 800 千克。弗里茨 –X 是一种轴对称制导炸弹，全弹重 1800 千克，无推进系统。1944 年德国在空袭投靠盟军的意大利舰队时曾多次使用这两种炸弹击沉了 4.25 万吨的“罗马”号战列舰。第二次世界大战后期，美国也研制出了制导炸弹。

地毯式轰炸

二战中后期，美英盟军为了瓦解德国的工业生产能力，先后对主要工业城市实施了“无差别轰炸”，即地毯式轰炸，震慑力极大，加速了战争胜利的进程。

地毯式轰炸也称为覆盖式轰炸，它是指轰炸机群像铺地毯一样用密集投弹的方式对某一地区进行轰炸。这种轰炸方式具有轰炸效果显著、杀伤力大、火力覆盖范围广等特点，但也存在着组织复杂、消耗弹药量大、机群过于密集易遭到攻击、受天气影响大等缺点。

地毯式轰炸是随着重型轰炸机的发展而逐渐形成的。二战初期，英国、德国、美国等航空技术比较发达的国家陆续研制了相当数量的中型或重型轰炸机，这为地毯式轰炸战术的运用提供了直接条件。在太平洋战争中，美军使用 B-29 轰炸机群携带燃烧弹对日本主要城市进行了地毯式轰炸，在 9 个月中将大多数城

提及精确制导武器，人们首先想起的是现代战场上的各种导弹和智能炸弹。其实早在二战后期，德国就研制出弗里茨 –X 和 HS-293 两款制导炸弹，并在战场上取得良好效果。图为击沉“罗马”号战列舰的弗里茨 –X 制导炸弹。

二战后期，美军的 B-29 机群对日本进行地毯式轰炸，造成了巨大的人员伤亡。

市摧毁，造成了超过 58 万日本平民死亡。最早的地毯式轰炸行动已经无从查起，但随着战争的发展，各主要参战国都意识到这种轰炸方式给对方带来的巨大破坏和强大的心理压力，有助于打击对方士气和抵抗力，削弱民众的反抗情绪。

“大炮巨舰”退出历史舞台

二战初期，随着航空技术的发展，海军的作战飞机数量也节节攀升，最先装备海军部队的就是鱼雷机和轻型轰炸机。飞机的出现向统治世界海军近百年的“大炮巨舰主义”发起了挑战。一批超级战舰的沉没，证明了大型水面舰艇一旦失去制空权，即使拥有再多的火炮、再厚重的装甲，也经不起鱼雷和穿甲炸弹的打击和破坏。海战的模式由以前双方主力战舰进行近距离火炮对射，逐渐发展成为超视距利用飞机进行攻击的新模式。

总的来说，轰炸机的技术含量在当时是最高的，几乎所有航空方面的先进技术都用在了轰炸机上。反过来，轰炸机技术的发展又促进了空军其他装备的发展和改进。战斗机的机动能力、火力、航程、速度、飞行高度等性能指标都是以拦截敌方轰炸机或支持己方轰炸机为目标而研制的。同时，防空火力的发展也紧紧跟随着轰炸机的动向。例如，高炮口径的变化，射程的提高，弹种的更新和雷达等地面装备的发展等。无论是战斗机的制空能力、高炮的拦射能力还是空军其他武器的性能，都与轰炸机及其作战方式有着密切的关系。

二战期间的“明星”轰炸机

德国 JU-87“斯图卡”俯冲轰炸机

JU-87“斯图卡”俯冲轰炸机凭借其出色的性能、突出的战绩被认为是二战期间最负盛名的前线轰炸机，成为二战初期德军成功实施闪击战的重要保证。1937 年，第一架 JU-87“斯图卡”俯冲轰炸机的生产型出厂，并开始正式装备部队。德国空军按照德语中“俯冲轰炸”（Sturzkampfflugzeug）一词的缩写，将该机正式命名

“大和”号战列舰被击沉，标志着海军史上波澜壮阔的“大炮巨舰”岁月的结束，战列舰时代的耀眼荣光就此谢幕，后会无期。

JU-87“斯图卡”俯冲轰炸机的可靠性高、轰炸性能出色，是二战中最具特点的俯冲轰炸机。

为 JU-87“斯图卡”俯冲轰炸机。

作为 20 世纪 30 年代中后期出现的新型飞机，“斯图卡”并没有过多采用当时最新的设计技术，如该机没有采用可收放式起落架、飞行速度也不是很快。但另一方面，“斯图卡”几乎所有的设计都紧紧围绕俯冲轰炸这一核心任务，具有俯冲角度陡斜、投弹精准和操作简便的特点。自 1935 年开始直至第二次世界大战结束，“斯图卡”都一直被德国空军广泛使用，其可靠性高、轰炸性能出色的优点，使该机成为二战中最具特点的俯冲轰炸机。

JU-87“斯图卡”俯冲轰炸机采用单发双座下单翼布局，该机机头很有特色，锥形的活塞式发动机，整流罩下方为尺寸很大的散热器，看上去犹如张开血盆大口的猛兽，外形极其凶恶。机身中部为大根梢比梯形下单翼，呈倒海鸥形，这样不仅有利于尽可能缩短前起落架的尺寸，便于在机翼外侧挂弹，同时也能改善飞机俯冲攻击时左右侧下方的视界。主起落架虽然没有采用可收放式设计，但也设计了外形流畅的整流罩，既减少了飞行阻力，也提高了起落架的抗毁性。机上串列式的双座座舱大大高于机背，驾驶员的飞行视界非常宽阔，同时也有助于提高后座机枪手的射界。

JU-87“斯图卡”俯冲轰炸机的经典俯冲攻击模式——“死亡旋转木马”。

虽然整体的设计并不十分先进，但 JU-87“斯图卡”俯冲轰炸机的轰炸性能却十分出色，尤其是其轰炸精度很高，非常适用于俯冲攻击点状目标。最早安装自动驾驶仪的“斯图卡”投掷的炸弹，是当时最具威胁的“精确打击”武器。同时，“斯图卡”俯冲时凄厉的尖啸声给敌军带来的心理冲击，丝毫不亚于其所投掷炸弹的威力。最大起飞重量不到 7 吨的“斯图卡”，其载弹能力却达到了中型轰炸机的水平，装有 37 毫米口径机炮的“大炮鸟”（JU-87G 型）成了对苏军坦克最大的空中威胁。

JU-87“斯图卡”俯冲轰炸机作为德军闪击战的代表，无疑是历史上最成功的轰炸机之一。在德国任何一次成功的重大作战行动中，都缺少不了“斯图卡”的身影。同时，德国人在运用“斯图卡”的过程中，发明了一系列地空协同的战术方法。直到 20 世纪末，在西方国家提出并运用的“空地一体战”思想中，人们都不难看出当初“斯图卡”运用成功的经验。正是这种在战争中的成功运用，使“斯图卡”也几乎成为俯冲轰炸机的代名词。在许多国家的军语词典中，“斯图卡”甚至成了俯冲轰炸机的同义词。

美国 B-17“空中堡垒”重型轰炸机

美国 B-17 重型轰炸机是第二次世界大战最著名的轰炸机之一。它凭借创新性的四台发动机布局、无与伦比的载弹量以及强大的机载自卫火力，赢得了“空中堡垒”的美誉。通过在二战期间对德国本土连续的

B-17 凭借其创新性的四台发动机布局、无与伦比的载弹量以及强大的机载自卫火力，赢得了“空中堡垒”的美誉。

前往轰炸德国的 B-17 重型轰炸机群，每次美军出动 B-17 作战时，都采用大机群、密集编队的战术。

大规模轰炸，B-17 成功地开拓并发展了战略轰炸概念，对盟军赢得对德作战的最后胜利发挥了极其重要的作用。

作为第二次世界大战初期综合作战能力最强的轰炸机，与其他轰炸机相比，B-17 在航程、速度、载弹量、防护等方面都有很大的提高。最值得一提的是，B-17 是世界上第一种装备雷达瞄准具的轰炸机，它能在高空实施水平精确投弹轰炸。

B-17 突出的精确轰炸能力是它成为当时盟军对德国实施战略轰炸中坚力量的重要原因。根据当时美英两国轰炸机的任务区分，英国轰炸机主要担负夜间空袭，实施对城市的“大面积轰炸”，这对轰炸精度要求并不太高。而美国轰炸机则负责摧毁德国的军火工业、能源设施和德国潜艇制造与使用设施，所有这些都需要实施精确轰炸。作战中，B-17 充分发挥机载雷达瞄准的优势，其轰炸精度虽然远不及今天的精确制导武器，但足以对德国的重要军事目标构成毁灭性打击。

由于 B-17 主要担负危险性相对较大的昼间轰炸任务，这对其机载火力和防护性能提出了更高要求。B-17 重型轰炸机最初型号上安装了 8 挺 12.7 毫米口径机枪，一跃成为当时机载自卫火力最强的轰炸机。此后，B-17 根据欧洲作战的经验，不断加强机载自卫火力。1942 年年底，B-17 重型轰炸机最后一种型号又在机头加装了炮塔，在后机身的两侧位置交错安装了两挺机枪，无论从机头、机尾、机身上下左右都没有任何射击死角。同时，每次美军出动 B-17 作战时，都采用大机群、密集编队的战术，数量庞大的机群编队一起飞行，数百上千挺机载机枪所发射的子弹在空中编织成一张恐怖的火力网，对德军拦截战斗机产生了巨大的震慑力。

B-17 出色的抗打击能力也是它的一大优势，往往在遭受到巨大的战斗创伤后仍能继续飞行，这使 B-17 深受机组人员的信赖与喜爱，并成了他们心中的“不死鸟”。总之，无论从技术性能还是作战运用等各个方面来看，B-17 都是历史上最为成功的战略轰炸机之一。B-17 是航空史上第一种大规模使用的四发重型轰炸机，打破了轰炸机双发动力设置的陈旧布局，从而使轰炸机在航程、载弹量、自卫火力等各个技术环节上都实现了飞跃，开启了重型战略轰炸机的新篇章。

冷战时期

冷战时期轰炸机角色的演变

冷战的开始使轰炸机的发展呈现出“一热一冷”的现象，“热”是指在航空技术突飞猛进的条件下，轰炸机家族也经历了多次更新换代；“冷”是指由于核武器的出现和两大军事集团军事力量的平衡，轰炸机被当成一种战略性威慑武器，实战的机会很少。

二战后，随着涡轮喷气式发动机的问世和快速发展，轰炸机的动力装置开始从活塞发动机向喷气发动机转变，飞行性能也从亚声速向超声速方向发展，电子设备全面现代化，攻击武器也更加多样化，技术水平的提高带来了轰炸机全新的改变和升级。虽然冷战的气氛在一段时间内充斥着整个世界，但大范围的战争并没有爆发，因此轰炸机虽然发展了几代，但能参加实战的机型却屈指可数。

20 世纪 50 年代初期，导弹的出现给那些迷恋轰炸机的人泼了盆冷水。“导弹制胜论”“导弹万能论”的观点充斥着东西方两大阵营，各种战略导弹的发展使美苏两强战略轰炸机的作用受到怀疑，一度影响了

世界上首款喷气式轰炸机——德国 Ar 234 型“闪电”轰炸机。

冷战期间，美苏两国均研制出了瓦尔基里（XB-70）、T-4（下图）这样速度达到数倍声速但华而不实的超级轰炸机。

战略轰炸机的发展。到了 60 年代，一些型号的轰炸机成了核弹和导弹的载机，忽视了用常规武器进行轰炸的独特效能。60 年代末，轰炸机渐渐向中、大型发展，轻型机被战斗轰炸机、战术轰炸机取而代之，战略轰炸机与陆基洲际弹道导弹、弹道导弹核潜艇一起成为三位一体的战略威慑力量。

之后，空军大国纷纷建立有效的空中战略打击力量，这是冷战年代军备竞赛的必然产物。这个时期，美国和苏联分别研制出了闻名于世的 B-52、图 -95 和米亚 -4 重型远程轰炸机。这些庞然大物能搭载 10~20 吨炸弹，飞行 1 万多千米进行越洋轰炸。这些轰炸机都具有较高的飞行高度，能在万米以上进行高空飞行。

在“冷战”最危险的岁月里，美国的 B-52、B-47，苏联的图 -95、图 -16，加上英国的“V 式三剑客”——“勇士”“火神”和“胜利者”，这些轰炸机共同构成了东西方的核威慑力量。

冷战时期典型的超声速战略轰炸机

二战结束以后，随着电子技术和导弹等武器装备的成熟，防空武器系统的作战效能得到了极大的提高。传统的亚声速轰炸机想要突破由雷达和防空导弹组成的火力网，仅凭借飞得高很难做到全身而退，甚至有可能还未飞到目标上空就被击落。为此，美国、苏联等空军大国都在速度上大做文章，超声速轰炸机就是在这样的背景下出现的。20 世纪 50 年代，美国研制了以高空高速突防、深入苏联纵深地带投掷核弹、执行战略轰炸任务为目的的 B-58“盗贼”轰炸机。苏联也陆续研制出图 -22 等一系列震惊西方的超声速轰炸机，其中“逆火”轰炸机（图 -22M）更是以作战航程远、载弹量大、速度快、低空突防能力强等特点使西方国家担惊受怕了 20 多年。

B-58“盗贼”轰炸机

20 世纪 50 年代，B-58“盗贼”轰炸机问世，这是一款由美国康维尔公司为美国空军研制的轰炸机。该机是美国第一种实用型超声速轰炸机，也是美国空军

B-58“盗贼”轰炸机是美国第一种实用型超声速轰炸机，采用了无尾三角翼气动布局。

这架编号为 59-2458 的 B-58“盗贼”轰炸机因创造了横越北美大陆的世界飞行记录而得以保存，是目前现存 B-58“盗贼”轰炸机中保存比较完整的一架。

战略司令部在 20 世纪 60 年代最主要的空中打击力量。

B-58“盗贼”轰炸机采用了无尾三角翼气动布局，四台涡轮喷气发动机吊挂在机翼下。为了满足高速飞行和起降的要求，B-58“盗贼”轰炸机采用了当时许多先进技术，如机翼扭转、升降副翼、能承受气动力加热的蜂窝夹层结构等。

从 1960 年至 1970 年，B-58“盗贼”轰炸机在其十年的服役生涯中创下了多项纪录，在许多方面都具有历史意义。它是第一种超声速轰炸机；第一种速度达到 2 马赫的轰炸机；第一种主要采用蜂窝状不锈钢层结构建造的战机；第一种采用超大型有效载荷吊舱的战机；第一种采用天文惯性导航系统的战机；第一种由飞机生产商整合武器系统进行整体式生产的战机。

B-58“盗贼”轰炸机装备部队后，凭借优异的性能和高科技的航空电子设备迅速成为 20 世纪 60 年代美国空中打击的主要力量。该机可以说是当时世界航空工业的巅峰之作，它有着之前任何一种轰炸机都不曾具备的性能和复杂的电子设备，体现了当时航空技术的最高水平。

遗憾的是，由于机载设备复杂，故障率高，维护费用较大，B-58“盗贼”轰炸机在服役不久后就因新出现的弹道导弹而失去了战略价值，以致于它从未在战场上投掷过任何一枚炸弹，这样的表现和为制造它所付出的代价极不相符。

图 -22 系列战略轰炸机

图 -22“眼罩”战略轰炸机是图 -16“獾”战略轰炸机的后继机型，最初的设计目的是要实现高空超声速飞行，因此机身采用了流线型设计。图 -22“眼罩”战略轰炸机的机身并不庞大，为保证载弹能力，两个发动机被安装在机身后部，这样可为武器舱和燃油储备舱让出更多空间。

图 -22“眼罩”战略轰炸机的机身采用了流线型设计。

图 -22“眼罩”战略轰炸机是苏联第一种可以水平超声速飞行的轰炸机，但其列装后暴露出载弹量低、攻击能力有限的问题，航程也差强人意。飞机装满油和导弹后，不能进行超声速飞行，无法与当时美国先进重型轰炸机相抗衡，所以大部分时间只用来执行侦察任务。

20 世纪 70 年代初，图 -22“眼罩”战略轰炸机的改进型图 -22M“逆火”战略轰炸机面世，苏联终于拥有了一款真正高性能的超声速战略轰炸机，它是在“眼罩”战略轰炸机的基础上改进设计出的超声速可变后掠翼中型战略轰炸机。图 -22M“逆火”战略轰炸机不仅可以进行战略核轰炸，还可以进行战术轰炸。更为可贵的是，图 -22M“逆火”战略轰炸机可以携带大威力反舰导弹远距离快速奔袭，攻击美国航空母舰编队。

虽然该机被称作图 -22M，但在设计上却几乎是一款全新的机型：机身流线型，可变后掠翼设计，2 个发

图 -22M 可以携带大威力反舰导弹远距离快速奔袭，对美国航母造成了巨大威胁。

图 -22M3 携带空地导弹进行突防训练。

动机安装在机身两侧。它沿用了民航客机图 -144 的发动机，起飞时加力推力达到了 248 千牛，在当时，任何机型都无法与之匹敌。同时，图 -22M“逆火”战略轰炸机的高空亚声速作战半径达 3700 千米，除了能对欧亚大陆上苏联周围国家和附近的海上目标实施攻击外，经空中加油后，还能攻击美国本土的战略目标。图 -22M“逆火”战略轰炸机既可进行高空亚声速突防，又能作低空突防，其生存能力大大高于苏联以往的各类型轰炸机。

图 -22M“逆火”战略轰炸机经不断改进，先后发展了 A、B、C 三种型别，对应的俄罗斯型号是图 -22M、图 -22M2、图 -22M3。苏联空海军部队大量装备的是图 -22M2，该型飞机翼展加大，翼下起落架整流罩减小，性能有所提高。图 -22M3 改装了推力更大的 NK-25 发动机，加力推力可达到 496 千牛，作战航程提高了 33%。同时，由于升级了武器系统和电子对抗设备，其生存能力也比图 -22M2 有了成倍的提高。

改进后的图 -22M3 航程达到了近 7000 千米，加上导弹射程和空中加油带来的作战能力延伸，作战范围覆盖了冷战时期大部分西方国家，使其成为名副其实的超声速远程战略轰炸机。

后冷战时期

20 世纪 70 年代末期，由于高空高速战斗机和中高空防空导弹的出现，超声速轰炸机变得不再拥有优势，这时以减弱雷达反射特征和红外特征为目的的隐形轰炸机开始提上研制日程。

随着冷战的结束，许多人认为轰炸机将退出历史舞台，像战列舰一样成为辉煌的过去。但近些年的局部战争和冲突表明，让轰炸机退出历史舞台还为时尚早。作为向敌方投放或发射攻击武器的主战平台，轰炸机在许多方面具有无法替代的优势。随着导弹种类的增加和技术的发展，如果两者能很好地结合，轰炸机将发挥出更大的作战效能和威慑作用。

从某种意义上说，高技术条件下的现代战争并没有削弱拥有制空权一方的独特优势，而是在高技术的支持下越来越强化这种优势。以信息为主导的空中作战模式将有可能使军事实力比较强的国家拥有全球打击能力，战术情报信息资源的共享和以多种远程攻击方式为主的作战样式将成为主流。

在美军所倡导的非接触作战中，以轰炸机和精确制导武器为内容的部分占有相当的比例，所要实现的战略目标就是“我能打得着你，而你却够不着我”，并以持续的、高强度的空袭来逐渐摧毁对方的军事和工业潜力，瓦解对方首脑和民众的抵抗意志，以达到最后的战略目的。在这种背景下，能投放炸弹、导弹等武器的轰炸机自然成为“非接触作战”的执行者。

21 世纪初的轰炸机除了具有远航程、大载弹量和强突防能力等特点外，还要求具备远距离精确打击能力。在此背景下，美国和俄罗斯均对现有的轰炸机进行了改进，使其能够配备高精度远程巡航导弹，可以在防区外发射，用于攻击高价值的地面和海面目标。同时，美俄两国均启动了新一代轰炸机的论证和研发工作，项目代号分别为 LRS-B（远程打击轰炸机）和 PAK DA（远程航空兵未来航空综合体），其主要技术特征为向亚声速高隐身、防区外协同打击、多样化武器载荷的趋势发展。

高精度远程巡航导弹的出现，使轰炸机的超视距防区外打击成为现实。

第二章 CHAPTER 2

现代轰炸机的分类及任务

分门别类

轰炸机问世以来，不同国家根据各自需要设计生产了各种各样的类型，形成了庞大的轰炸机族群。通过不同的维度轰炸机可以分为不同的类型，如按照运载弹药能力，可分为轻型轰炸机（载弹量3~5吨）、中型轰炸机（载弹量5~10吨）和重型轰炸机（载弹量10吨以上）；按照飞机的航程，可分为近程轰炸机（航程3000千米以下）、中程轰炸机（航程3000~8000千米）、远程轰炸机（航程8000千米以上）；按照飞行速度，可分为亚声速轰炸机和超声速轰炸机；按照轰炸机的任务类型，可分为战略轰炸机和战术轰炸机。

轰炸机的主要分类及标准

属性	分类	具体标准
载弹量	轻型轰炸机	载弹量 3~5 吨
	中型轰炸机	载弹量 5~10 吨
	重型轰炸机	载弹量 10 吨以上
航程	近程轰炸机	航程 3000 千米以下
	中程轰炸机	航程 3000~8000 千米
	远程轰炸机	航程 8000 千米以上
速度	亚声速轰炸机	最大速度小于 1 马赫
	超声速轰炸机	最大速度大于 1 马赫
任务类型	战略轰炸机	具有核常兼备威慑能力
	战术轰炸机	仅具有常规打击能力

冷战结束至今，国际总体局势趋于缓和，战争对抗的频次和烈度大大降低，但信息化程度和科技水平越来越高，轰炸机的任务类型也发生了较大变化。21世纪以来，那些重型、远程的轰炸机执行轰炸作战的次数越来越少，更多是在发挥着战略巡航和战略威慑作用；而相对中轻型、中近程的轰炸机则在局部冲突和中小国家作战中频繁“出镜”，执行常规轰炸任务和战术突袭的频率相对较高。当今世界主要国家一般都是根据本国国防建设和国家利益的需要，发展适合自身国情、满足信息化作战条件的现代轰炸机。

现代轰炸机一般具有突击能力强、作战航程远、载弹量大、机动性高等特点，是航空兵实施空中突击的主要兵器。武器系统包括各种航弹、导弹、深水炸弹等。火控系统可以保证轰炸机具有全天候轰炸能力和较高的命中精度。现代轰炸机的电子设备包括自动驾驶仪、地形跟踪雷达、领航设备、电子干扰系统和全向警戒雷达等，用以保障其远程飞行和低空突防能力。同时，大部分现代轰炸机还装有受油设备，可进

现代轰炸机经空中加油后，其作战半径和威慑范围将进一步增大。图为伊尔-78M空中加油机正在为两架苏-34战斗轰炸机进行空中加油。

行空中加油，进一步增加了威慑范围。

本书主要以目前世界上正在服役的现代轰炸机为对象，对典型战略轰炸机、战术轰炸机的技术特点和作战性能进行详细介绍，探索现代世界主力轰炸机的神秘世界。

战略轰炸机

战略轰炸机一般是指用来执行战略轰炸任务的中、远程轰炸机。战略轰炸机是战略核力量的重要组成部分，是大当量核武器的主要运载工具之一，并与陆基洲际弹道导弹、弹道导弹核潜艇构成三位一体核力量。战略轰炸机既能带核弹，也能带常规炸弹；既可以近距离投放核炸弹，又可远距离发射巡航导弹；既可做战略进攻武器使用，在必要时也可遂行常规轰炸任务，支援陆、海军作战。

战略轰炸机一般配置两台或两台以上的发动机，挂弹载重一般在 5 吨以上，体积庞大，航程较远，采用接近运输机的大型结构设计。早期的战略轰炸机由于飞机制造工艺的制约，一般都是亚声速飞行，固定翼设计，隐身能力较差，如 B-52、图 -95 等。随着发动机技术和材料技术的发展，部分现代战略轰炸机也具备了超声速、隐身、可变后掠翼等多项技术优势，如图 -160、B-1B 等。

俄罗斯图 -160 战略轰炸机。

战术轰炸机

战术轰炸机一般是指用来执行常规轰炸任务的近、中程轰炸机。主要装备常规弹药，执行战术轰炸任务，实施精准定点打击，以轰炸敌方前线阵地、供应线及战线附近的小范围军事目标为主。

美军 F-111“土豚”战术轰炸机。

战术轰炸机一般配置一台或两台发动机，挂弹载重一般在 5 吨以下，体积相对较小，作战半径相对较小；采用接近战斗机的结构设计。有些战术轰炸机也能充当战斗机或歼击轰炸机使用，低空作战能力较强。战术轰炸机的主要任务一般是支援前线作战，攻击敌人的前线阵地等军事目标。代表机型有二战时期美国的 B-25、B-26，英国的蚊式，德国的 He111、Ju88，苏联的 Pe-2 等。

在第二次世界大战结束后，美国、苏联等国出于军事对抗和军事压制的需要，仍然在空中力量梯队中保留了战术轰炸机的位置，并继续研发新的战术轰炸机。代表机型有美国的 B-45、F-105、A-10、F-111、F-117，英国的堪培拉和苏联的苏 -24、苏 -25 等。其他部分国家也会保持一定的战术轰炸机来维持与其周边军事强国的军事平衡。

冷战之后，空中打击非常强调降低非战斗人员和物资的损毁，因此各国纷纷发展精确度更高、弹头质量更小的新型炸弹，这使外形较小的战斗机的轰炸效率比过去中、重型轰炸机使用无制导炸弹的轰炸效率高出很多。同时，战斗机任务的多元化也使得战术轰炸机和战斗机之间的界限越来越模糊。

随着航空技术的不断发展，战斗机、歼击轰炸机的体积和载弹量逐渐增大，空中加油技术也日臻完善，相对灵活的战斗机的作战效能不断提升。美国“捕食者”无人机在现代战场上的出现，更是颠覆了传统战术轰炸的理念和模式。战术轰炸机日益丧失技术上的优势，

随着航空技术不断发展，专门的战术轰炸机将逐渐被多用途战斗机、新一代歼击轰炸机配合精确制导武器以及察打一体无人机所替代。图为美军“捕食者”无人机发起攻击。

大部分战术轰炸机先后退出历史舞台，专门的战术轰炸机将逐渐被多用途战斗机、新一代歼击轰炸机配合精确制导武器以及察打一体无人机所替代。

使命任务

现代轰炸机有的被各国用来执行战略轰炸任务，有的在局部战争中也会执行近距离空中支援等任务。战略轰炸主要包括核轰炸、大规模轰炸等形式，战术轰炸主要包括对地常规轰炸、对地巡航导弹突击、对海反舰导弹突击等形式。

20 世纪 90 年代以来，轰炸机在几次局部战争中仍发挥着重要作用。1991 年海湾战争期间，被称为“同温层堡垒”的美军 B-52 战略轰炸机披挂上阵，其投放弹药占此次战争中美空军总投弹量的 38%，严重打击了伊拉克的战争潜力与民心士气。在对伊拉克、阿富汗等国的作战行动中，美军充分发挥 B-52H、B-1B 等重型轰炸机航程远、续航时间长、载弹量大的优势，为地面部队提供了持续不间断的空中支援。在叙利亚战争中，俄军图 -160“海盗旗”远程战略轰炸机的超远程奔袭更是在战争中“大放异彩”。

正因为如此，轰炸机并没有像先前部分人预期的那样退出战争舞台，而是不断升级换代。目前，美、俄等国均在对其现役轰炸机进行改进，升级后轰炸机还将继续服役相当长时间。

现役轰炸机型号主要有美国的 B-2、B-1B 和 B-52，俄罗斯的图 -160、图 -95MS 和图 -22M 等，1997 年形成作战能力的 B-2 是其中最“年轻”的型号。对现有

几十年来，B-52（左）和图 -95 分别被美俄两国进行不断地升级延寿，增加服役年限。

的轰炸机进行改进升级是当前轰炸机发展的主流，而改进内容几乎都集中在航空电子设备和新型武器装备这两个方面，改进升级的轰炸机如 B-52H、图 -160M2、图 -95MSM、图 -22M3M 等。由于轰炸机具有重要的作用和较大的改进空间，现有轰炸机还将服役很长时间，例如美国计划使 B-2、B-1B 和 B-52H 分别服役到 2058 年、2047 年和 2049 年。

战力标准

现代轰炸机战术性能的发展

伴随着航空动力、远程精确打击武器、导航通信、电子对抗、制造工艺和先进材料等领域的技术发展，现代轰炸机在机动能力、武器装备、导航系统、火控系统、电子装备、气动外形、隐身能力等方面均有较大提高。

自现代喷气式战略轰炸机问世以来，几十年的时间中，现代轰炸机战术性能的发展主要体现在以下三个方面：

第一是航空动力方面——发动机的更新换代。这一方面主要体现在以喷气动力轰炸机取代螺旋桨动力轰炸机，解决发动机动力问题。由于喷气式发动机发展很快，飞机设计也突破了一些技术瓶颈，在亚声速轰炸机出现不久，苏美两国就开始研制超声速战略轰炸机。但这一时期出现的超声速战略轰炸机都只是昙花一现，究其原因，主要是超声速战略轰炸机无法解决速度和航程的矛盾：要达到超声速就无法满足航程要求，要达到航程要求就无法超声速。美国 B-58 就存在这个问题，为此不得不在机腹部携带一个超大型油箱，限制了战术使用能力。

F-111 型战斗轰炸机的两台 TF30-P-3 涡轮风扇发动机。

先进材料技术和制造工艺使 B-2 的隐身性能实现了质的飞跃。

第二是气动外形方面——可变后掠翼的出现。超声速战略轰炸机采用可变后掠翼设计，解决了速度与航程相矛盾的问题。其中的主要代表有苏联图 -160、图 -22M 和美国 B-1B 等。超声速战略轰炸机的出现使得战略轰炸机的突防能力大大增强，打击能力也相应提高，但成本高昂，对于生产制造国会造成较大维修保障的经济负担。

第三是制造工艺和材料方面——隐身技术的应用。20 世纪 80 年代，美国空军的 ATF 和海军的 ATA 项目首次将隐身概念运用到了作战飞机的设计中。隐身或称低可探测性，这种技术的应用可以使作战飞机减少被发现和被攻击的概率，达成战略战役上的突然性，使作战飞机的生存能力显著提高。隐身技术的出现开创了一个全新的技术领域，改变了战斗机、攻击机和轰炸机的作战方式，使作战飞机进入全新时代。隐身战略轰炸机目前只有美国 B-2 一种，据称其雷达反射截面积（RCS）只有 0.3 平方米，而 B-52 的 RCS 值达到 100 平方米。

除此之外，现代高亚声速轰炸机多采用大展弦比的后掠翼，以保证飞机有较高的巡航速度和升阻比。上单翼布局形式可使机翼仅从机身上部穿过，飞机重心附近的机身内可以放置炸弹，炸弹舱底部有可在空中开启的舱门。由于炸弹布置在重心附近，空中投弹后，飞机重心不会有很大变化，便于保持飞机的平衡。另外，由于喷气轰炸机载油量大，除机翼内放置部分燃油外，机身内炸弹舱的前后也对称地布置了许多油箱。

现代轰炸机的性能参数

作战半径

作战半径是指战机携带正常作战载荷，在不进行空中加油的情况下，自机场起飞，沿指定航线飞行，执行完任务后，返回原机场所能达到的最远单程距离。作战半径一般小于等于二分之一航程，是衡量飞机战术技术性能的主要指标之一。计算作战半径时，应从载油量中扣除地面耗油、备份油量和战斗活动所需油量。作战半径的大小与飞机的飞行高度、速度、气象条件、编队大小、战斗任务和实施方法等因素有关。

战略轰炸机由于航程上的优势，作战半径普遍比战术轰炸机大。战术轰炸机的作战半径一般在 3000 千米以内，而战略轰炸机的作战半径一般在 3000 千米以上，作战范围要大得多。

实用升限

飞机能维持平飞的最大飞行高度叫升限，主要分为理论升限和实用升限。实用升限是在给定的重量和发动机工作状态下，飞机在垂直平面内做等速爬升时的飞行高度。对于亚声速飞行，实用升限为最大爬升率为 0.5 米 / 秒时的飞行高度；对于超声速飞行，实用升限为最大爬升率为 5 米 / 秒时的飞行高度。

影响飞机升限的因素主要有两类。一类是飞机自身因素，其中包括飞机发动机推力、飞机各部分构件工艺、飞机水平飞行速度等；另一类是自然因素，其中包括气压因素、特殊天气（雷电雷暴、雨雪）因素等。提高飞机升限的措施主要包括增大发动机在高空时的推力、提高飞机的升力、降低飞行阻力、减轻飞机重量等。

战略轰炸机的实用升限普遍比战术轰炸机的实用升限高。

轰炸机由于自身防卫的需要，实用升限相对其他飞机普遍较高。由于作战目标精度要求不同，战术轰炸机要执行地面火力支援任务，其实用升限一般比战略轰炸机要低。战术轰炸机的实用升限一般在 10000~20000 米之间，战略轰炸机的实用升限一般在 15000 米以上。

最大飞行速度

飞行速度是指飞行器单位时间内飞经的距离，是航空器重要的飞行性能之一。航空器飞行速度的度量有表速、空速和地速之分，通常说的飞行速度指的是空速。

高速飞行时，必须考虑空气压缩性对性能的影响。这时如用马赫数（*M* 数）代替飞行速度值就能更直接、更确切地描述飞行特性。根据 *M* 数的大小，可以把飞行分成亚声速、跨声速、超声速和高超声速 4 种情况。一般把 $M<0.8$ 的飞行称为亚声速飞行；*M* 数为 0.8~1.2 的飞行称为跨声速飞行；*M* 数为 1.2~5.0 的飞行称为超声速飞行；*M* 数大于 5.0 的飞行称为高超声速飞行。

现代轰炸机一般都能实现超声速飞行，但低空突防时出于轰炸精度的需要，飞行速度一般都要降到 1 马赫以下。

最大过载

作用在飞机上的气动力和发动机推力的合力与飞机重力之比称为飞机的过载。飞机所能承受过载的大小是衡量飞机机动性的重要参数。过载越大，飞机的受力越大，为保证飞机的安全，飞机的过载不能过大。

过载的产生主要是由于机翼的升力，当飞机水平转弯或翻筋斗时，机翼产生的升力大于重力，因此过载大于 1；当飞机俯冲或快速爬升后改平时，机翼产生的升力小于重力，甚至产生反向的升力，此时过载小于 1，甚至小于 0。

战略轰炸机一般比战术轰炸机要大得多，由于机体强度和挠性的原因，战略轰炸机的最大过载普遍比战术轰炸机要小，导致战略轰炸机的机动性和灵活性要比战术轰炸机逊色很多。

值得注意的是，飞行员在机动飞行中也会因过载大于 1 或小于 1 而承受超重或失重状态。飞行员所能承受的最大过载一般不能超过 8。过载分为正过载和负过载。在正过载的情况下，如果飞行员的肌肉结构不能很好地调整，大脑就会得不到适当的血液补充，飞行员易产生周边视力丧失或中心视力丧失的视觉问题，如压力持续，最终可导致飞行员昏迷；负过载时，飞行员血液上升到头部，颅内压力增加，会产生不舒服甚至痛苦的感觉。每个人对加速度都有其承受的极限，

由于机体较小，战术轰炸机的最大过载和灵活性要远远优于战略轰炸机。

适当的训练能使飞行员承受更大的过载，在高级特技飞行竞赛中，飞行员承受的过载可达正负 10。

推重比

推重比指的是飞机发动机推力与发动机重力或飞机重力之比，它表示飞机发动机或飞机单位重力所产生的推力，是飞机和航空发动机重要的技术性能指标。一般来说，战斗机的推重比较高，轰炸机和其他大型飞机的推重比较低。提高发动机推重比要通过气动热力学的进步、部件综合设计技术的提高、结构简化减重、材料工艺学的发展才能实现。

推重比是一个综合性的性能指标，它不仅体现喷气发动机在气动热力循环方面的水平，也体现了结构方面的设计水平。它对于飞机的飞行性能和有效载荷等都有直接影响。飞机的最大平飞速度、爬升率、升限、机动性等都与飞机推重比有关。

由于机体大小和载荷能力的巨大差异，战术轰炸机的重力普遍比战略轰炸机小得多，其推重比一般都要大幅高于战略轰炸机。

最大载弹量

单纯提最大载弹量的意义并不大，美俄对其含义的确立也有分歧。可以这么理解，飞机在载弹之余还需要载油，载弹量大小要看其与载油量的兼顾有没有冲突，任何飞机减少载油量都可提升挂载能力，因此，最大载弹量可以简单理解为武器挂架的承载能力。

比较飞机的挂载能力不能看花哨的数据，要看飞机正常起飞重量和飞机空重到底相差多少，这是最准确的数据。另外，还要比较飞机形体大小和耗油量，

因为即使载同样的燃油量，不同飞机的航程也可能不一样，简单划定一个载油量并不能确定飞机的具体航程。

最小起飞 / 着陆距离

起飞距离是指从飞机松开刹车开始滑跑到飞机离起飞表面 35 英尺（1 英尺≈ 0.305 米）高度所覆盖的距离。着陆距离是指从飞机降落时离地表 50 英尺高度开始到飞机在跑道上接地过程中的水平距离。

对于轰炸机等作战飞机而言，最小起飞 / 着陆距离肯定是越小越好。距离越短，其在战时对于机场跑道的要求就越低，也就更有利于飞机提高生存能力和发挥作战效能。

雷达反射面积

雷达反射面积是指飞机对雷达波的有效反射面积，这个面积通常称为雷达反射截面积，简称为 RCS（Radar Cross-Section）。它是一个等效的面积，当这个面积所截获的雷达照射能量各向同性[一]地向周围反射时，在单位立体角内的反射功率，恰好等于目标向接收天线方向单位立体角内反射的功率。

对于现代轰炸机而言，雷达反射截面积的大小，是其隐身性能的重要标识。一般而言，战略轰炸机由于目标巨大，其雷达反射面积要比战术轰炸机大，比如 B-52 相对于 A-10 的 RCS 大。但也有例外，如 B-2 作为战略轰炸机，由于采用了大量的吸波材料和隐身设计，其雷达反射面积就比战术轰炸机小得多。

目前用来减小飞机 RCS 的主要途径有两种：一是改变飞机的外形和结构；二是采用吸收雷达波的涂敷材料和结构材料。

现代轰炸机主要性能参数的大致区间范围

性能参数	指标区间
作战半径	1000~6000 千米
实用升限	10000~25000 米
最大飞行速度	0.8~2.2 马赫
最大过载	1~2.5
推重比	0.25~0.5
最大载弹量	4~40 吨
最小起飞 / 着陆距离	起飞距离：600~3000 米 着陆距离：600~1600 米
雷达反射面积	取决于各类型战机隐身性能

[一] 各向同性指物体的物理、化学等方面的性质不会因方向的不同而有所变化的特性。 ——编者注

第三章 CHAPTER 3

现役典型轰炸机的技战术性能

美国 B-2 战略轰炸机

简介

B-2 战略轰炸机是诺斯罗普·格鲁曼公司为美国空军研制的一款隐形战略轰炸机，其主要任务是利用优异的隐身性能，从高空或低空突破敌方防空系统，对敌方战略目标实施核打击或常规轰炸。

B-2 战略轰炸机是世界第一种、也是目前唯一一种现役隐形轰炸机，同时它也是世上仅有的现役飞翼式军用飞机。独一无二的气动外形和无与伦比的隐形设计，使 B-2 战略轰炸机获得了“幽灵”的外号。

该机型当时的设计目的旨在应用核弹和防区外武器对苏联主要目标实施打击。B-2 战略轰炸机是美国实施绝密发展计划之后推出的隐形战略轰炸机，是美国将隐形技术发挥到最高水平制造出的一种战略性武器，同时，它也是美国设想中对苏联作战目标进行空中突防的理想武器。美国军方将其第一阶段发展计划命名为“高级 C.J. 计划”，后又将其命名为先进技术轰炸机。

结构组成和设计特点

“巨大的回旋镖”——怪异的机体

B-2 战略轰炸机采用翼身融合的无尾三角形飞翼构形，采用由波音 757/767 客机上改进而来的前三点式起落架，驾驶舱为双人机组设计，并为电子战操作员

B-2 战略轰炸机

绰号：Spirit，幽灵，通称：诺斯罗普·格鲁曼 B-2 隐形战略轰炸机，是由诺斯罗普·格鲁曼和波音公司联合麻省理工学院为美国空军研制的执行战略核/常规打击任务的低可侦测性飞翼式轰炸机。

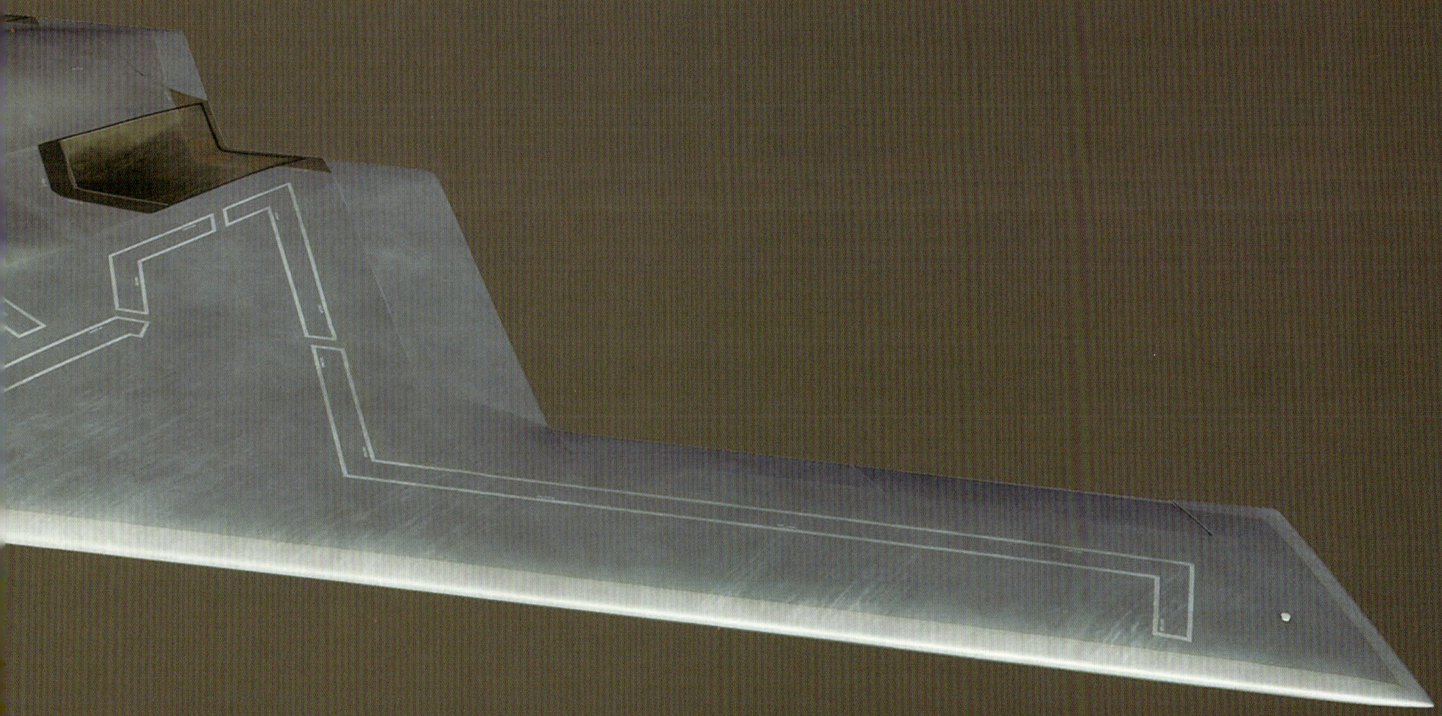

留有第三个座位。飞机的机身长度为 21 米，而翼展却长达 52.4 米，相当于机身长度的 2.5 倍。世界上各型飞机的机库都是横短竖长，唯有 B-2 战略轰炸机的机库横宽竖短。B-2 的机身和机翼都呈直线。整个飞机看上去就像一只巨大的蝙蝠，又像中国的“回旋镖”或澳大利亚的“飞去来器”。

“隐藏的动力”——先进的发动机设计

发动机是飞机红外、雷达信号特征的重要来源，B-2 战略轰炸机的设计人员在这方面花费了巨大心思。4 台 F118-GE-100 无加力涡扇发动机，单台推力 77 千牛，成对安装在武器舱的外侧与机翼结构之间。发动机进气口巧妙地设计在了机翼上方，使得地面雷达和红外探测装置根本无法直接照射到。进气道设计为 S 状，防止雷达波直接照射发动机叶片，同时可让入射进来的探测雷达波经多次折射后自然衰减，无法反射回去。发动机喷口则深埋于机翼内，呈宽扁的蜂巢状，雷达波在此也是能进不能出。发动机内部设有气流混合器，它能将流经机翼表面的冷空气导入发动机中，持续降低发动机的温度。此外，在发动机喷口处还带有尾迹管理系统，可调节尾气温度，进一步减少红外信号。

发动机进气口巧妙地设计在了机翼上方，喷口则深埋于机翼内，使得地面雷达和红外探测装置根本无法直接照射到。

平飞状态下的 B-2 战略轰炸机。

“灵活的蝙蝠”——出色的飞控系统

B-2 战略轰炸机相当“另类”的设计，对其飞行控制提出了极高的要求。飞机主要采用三轴四余度电传飞控系统，可在较低高度进行地形回避 / 地形跟随突防飞行。由于没有尾翼，B-2 战略轰炸机的飞行由机翼后缘的四对操纵面控制，这些操纵面综合了副翼、升降舵以及襟翼的功能。其中，内侧两对为升降舵，用于低速飞行时操纵飞机；外侧靠内的一对为升降副翼，在正常飞行时使用；靠外的一对可上下分成两片，起阻力方向舵和减速板的作用；后缘中间的“海狸”尾状翼面可用于俯仰配平，并与升降副翼共同实现突风减载功能。B-2 战略轰炸机的起落架为可收放的前三点起落架，是波音 757/767 起落架的改进型。前起落架为双轮，向后收起，主起落架为四轮小车式，向内收起。支柱的外侧还有 1 扇面积较大的梯形厚舱门，可在飞机起飞时提供方向稳定性。

“空中幽灵”——高端的材料工艺

B-2 战略轰炸机为了达到优异的隐身效果，大量使用了先进的涂料和材料。飞机机体主梁和发动机机舱使用的是钛合金材料，其他部分均由碳纤维和石墨等复合材料制成，并采用了吸波蜂窝结构和平行散射锯齿形边缘，机体表面还敷有吸波材料和涂层。所有复合材料部件并没有采用传统的铆钉拼合工艺，而是经高压压铸而成，大大提高了机体表面的光滑程度。2 个 V 形喷口位于机翼上方，距后缘较远，其间的机体表面由耐热钛合金材料制成。机头周围有 4 组压力传感器，前缘和翼尖的锯齿形结构均有电介质覆层。座舱两侧的机体前缘下方各有 1 块电介质板，内装雷达天线。中机身下部有 2 个并列的武器舱，舱门前有小型向下打开的扰流板，可产生涡流以保证武器的顺利投放。

主要性能及参数

B-2 是目前世界上最为先进的战略轰炸机，它不仅具有类似 B-52 那样的超远距离航程、强大的弹药投掷能力，也能实施类似美军 F-15E 战斗机那样对点状目标的精确打击，更凭借其无与伦比的隐身性能具备类似 F-117 隐形战斗机那样的低空突防能力。

B-2 战略轰炸机最突出的性能是其独一无二的隐身优势。无尾三角形飞翼的布局使 B-2 战略轰炸机看上去就像一只巨大的蝙蝠，无数复杂的隐形措施使得它的雷达探测面积仅仅相当于一只小鸟。飞机整体外形光滑圆顺，所有的机载武器都收到了机腹武器舱内，连发动机舱和起落架舱也全部埋入平滑的机翼之下，毫无“褶皱”，不易反射雷达波。驾驶舱呈圆弧状，照射到这里的雷达波会绕舱体外“滑行”，而不会被

B-2 战略轰炸机的机身表面使用了大量先进的复合材料，以确保其卓越的隐身效果。

B-2 战略轰炸机整体光滑圆顺，所有的机载武器都收到了机腹武器舱内，连发动机舱和起落架舱也全部埋入平滑的机翼之下，外形毫无“褶皱”，雷达探测面积仅仅相当于一只小鸟。

反射回去。密封式玻璃舱罩呈一个斜面，所有玻璃在制造时掺有金属粉末，使雷达波无法穿透舱体，造成漫反射。机翼后掠 33 度，使从上、下方向入射的雷达波无法反射或折射回雷达所在方向。机翼前缘的包覆物后部，有不规则的蜂巢式空穴，可以吸收雷达波。机翼后半部呈两个 W 型，可使来自飞机后方的探测雷达波无法反射回去。

所谓“成也萧何败也萧何”，B-2 战略轰炸机为了追求最大作战效能和最佳隐身效果，融合了美国最先进的军用飞机制造技术，但其技术复杂、维护成本高、价格昂贵的缺点却无法克服，效费比相对较低。由于在飞行中空气摩擦的原因，B-2 战略轰炸机每飞行一次，就要对其外表的隐形涂层进行修补和喷涂，大大限制了 B-2 的出勤率和作战效能的发挥。

武器装备

B-2 战略轰炸机是世界上目前最先进的核常兼备的武器打击平台之一。在实施核攻击任务时，B-2 战略轰炸机主要携带核炸弹或核巡航导弹。B-2 战略轰炸机机身中央的两个发动机舱之间设有两个弹舱，可容纳 8 枚核弹。目前 B-2 可使用 B61-11 型核炸弹，每枚当量达 20 万吨 TNT 当量，可攻击地下几十米深的目标，B-2 战略轰炸机一次出动投掷的核炸弹威力就相当于 80 枚投在广岛的原子弹威力。不过，目前 B-2 战略轰炸机的主要机载核武器为机载巡航导弹，弹舱内 2 个旋转弹架共可携带 15 枚 AGM-129 型巡航导弹。AGM-129 型巡航导弹的作战性能丝毫不亚于大名鼎鼎的“战

B-2 战略轰炸机的主要性能参数谱系

美国
B-2 战略轰炸机（幽灵）

飞机几何数据	机长	21 米
	机高	5.18 米
	翼展	52.4 米
	机翼面积（总）	478 平方米
飞机性能数据	最大平飞速度	0.95 马赫（1010 千米 / 小时）
	巡航速度	0.85 马赫（900 千米 / 小时）
	实用升限	15200 米
	航程	11100 千米
	机翼载荷	329 千克 / 平方米
	推重比	0.205
飞机重量	空机重	71700 千克
	正常起飞重量	152200 千克
	最大起飞重量	170600 千克
燃油及载荷	机内燃油	75750 千克（167000 磅）

动力装置	发动机型号	F118-GE-100
	发动机数量	4 台
	发动机类型	双转子涡扇发动机（非加力）
	发动机推力（单台）	77 千牛
	总压力比	35:1
	推重比	5.9:1
	长度	2.55 米
	直径	1.18 米
	重量	1452 千克
	压缩机	轴流 1 级风扇，2 级低压压气机，9 级高压压缩机
	燃烧室	环形
	涡轮	1 级高压涡轮，2 级低压涡轮
	发动机生产公司	通用电气

其他	首飞时间：1989 年 7 月 17 日
	主要使用国：美国
	主要制造商：诺斯罗普 · 格鲁曼公司
	状态：服役中
	单价：7.37 亿美元

斧”巡航导弹，其最大射程达 2500 千米以上，可搭载 50 万吨 TNT 当量核弹头，可在敌方国土防空网之外攻击敌方重要政治、军事目标，是目前美国空军最重要的战略核攻击手段。

此外，B-2 战略轰炸机的常规轰炸能力也十分突出，有 54 种不同的混合挂弹方式，最大载弹量可达 22.6 吨。美国空军根据作战需求的变化，对 B-2 战略轰炸机进行了多方面的常规作战改装，使其具备很强的常规精确轰炸能力。机上安装了 GPS 辅助瞄准系统，炸弹击中目标的误差通常小于 5 米。目前，B-2 战略轰炸机在执行常规作战任务时，被认定为一种专门对付高价值目标的武器，主要用于单机深入敌方纵深防空体系作战，使用机载的多种精确制导武器实施攻击。最初 B-2 战略轰炸机的弹舱内最多可挂载 80 枚 MK82 型普通炸弹或 36 枚 GBU-87 集束炸弹，之后，精确制导弹药很快成为 B-2 战略轰炸机携带的主要常规武器。除了 GPS 辅助瞄准系统加持的制导炸弹外，B-2 战略轰炸机还

B-2 战略轰炸机是世界上目前最先进的核常兼备的武器打击平台之一，美国空军称其具有“全球到达”和“全球摧毁”能力。

可投掷联合直接攻击弹药（JDAM）、联合防区外武器（JSOW）和联合空对地防区外攻击导弹（JASSM）等，且均具备“发射后不管”的精确攻击能力。

美国 B-1B 战略轰炸机

简介

B-1B 战略轰炸机是美国罗克韦尔国际公司（今属波音公司）于 20 世纪 70 年代生产的可变后掠翼超声速战略轰炸机 B-1 的改进型。几十年来，B-1B 战略轰炸机在美国空军中一直有着不可替代的战略地位。

B-1B 战略轰炸机的设计源于 60 年代后期美国提出的“先进有人驾驶战略飞机计划”。1969 年，该研制项目正式立项；原型机于 1974 年 12 月 23 日试飞成功；1986 年 6 月 29 日，首架 B-1B 战略轰炸机服役。1991 年以前，B-1B 战略轰炸机一直担当战略核威慑角色。在 1998 年的“沙漠之狐”作战行动中，B-1B 战略轰炸机首次投入实战使用。

B-1B 战略轰炸机是可变后掠翼四发涡扇超声速远程重型轰炸机，主要用于执行常规轰炸和近距空中支援任务，也可作为巡航导弹载机使用。作为一种多用途远程轰炸机 B-1B 战略轰炸机在不需要空中加油的情况下就可执行洲际飞行任务，具有较强的防御体系突破能力。

B-1B 轰炸机
绰号枪骑兵（音译为“兰斯”），通称罗克韦尔 B-1B“枪骑兵”，是美国空军一型超声速可变后掠翼远程战略轰炸机。

DY
108

巡航状态下的 B-1B 可变后掠翼四发涡扇超声速远程重型轰炸机。

结构组成和设计特点

“流畅的线条”——翼身融合体

B-1B 战略轰炸机的气动布局采用了先进的翼身融合体，后掠式下单翼的大边条与细长的机身形成一个整体，没有明显的分界线，这样可以减小阻力和雷达截面积，增加升力并增大内部容积。该机是第一种按当时新颁发的断裂力学规范设计的飞机，根据各部件承受载荷情况选用不同的材料，既保证安全耐用，又可减轻结构重量。按重量计算，B-1B 战略轰炸机的机体结构中铝合金占 42.5%，钛合金占 17.6%，合金钢占 7%，复合材料及其他非金属材料占 32.9%。它的蜂腰形机身按面积律设计而成，采用半硬壳式结构，主要由 2024 和 7075 铝合金制成。其中，承受高载荷和高温的部件采用钛合金，而背鳍内的大梁则采用钢、硼、钛混合结构。

B-1B 战略轰炸机机身的线条流畅，采用先进的翼身融合设计。

当后掠角较大时，飞行稳定性提高，同时有利于高速突防。

“灵活的翅膀”——可变后掠翼

可变后掠翼布局设计使 B-1B 战略轰炸机相对于其他固定翼战略轰炸机的飞行性能有了质的飞跃，它可以有效地将低空高亚声速和高空高超声速性能结合起来，大大提高了飞机的突防能力，并具有极佳的低空操纵性能。当机翼伸展时，飞机的航程增加，且可以从更短的跑道上起飞。当机翼后掠时，B-1B 战略轰炸机在高速飞行中会更加稳定。活动机翼与机身之间的连接部分带有一个充气护套，这使机翼在不同位置时都能够保持较高的空气动力效率。同时，当机翼位置改变时，机上的燃油和重心管理子系统可以使油料在各油箱之间流动，自动配平重心。燃油管理系统是 B-1B 战略轰炸机的一个重要系统，它使燃油可以在 8 个油箱（每个机翼内有 1 个油箱，机身内有 6 个油箱）中自动分配。飞机上的燃油也用于对机上航空电子设备进行降温。

“低空千里眼”——航电系统功不可没

B-1B 战略轰炸机的航电各主要子系统均采用相同的计算机，通过美军军用标准 1553B 数据总线在主要的子系统、设备之间建立互连。B-1B 战略轰炸机有一套不易被发现的相控阵天线，能进行低空地形跟踪，并为飞机提供精确的导航数据。雷达有 11 个工作模式，确保飞机能飞行两种截然不同的低空飞行剖面。地形

仪表密布的 B-1B 战略轰炸机驾驶舱。

B-1B 战略轰炸机装载四余度自动飞控系统，可控制飞行路径、横滚姿态、高度和空速等，并能实现自动油门控制和地形跟随飞行。

跟踪模式为驾驶员在低空飞行时提供俯仰操纵控制信息，地形回避模式为驾驶员在低空飞行时提供超过飞机飞行高度的障碍物信息。此外，飞机带有合成孔径雷达及其图像处理功能，可使进攻系统操作员发现云层和雨幕下的目标。它还装有先进的地形跟踪雷达，可持续判断前方 2.5 千米范围内的地形，由自动驾驶仪控制飞机与地面保持一定高度。因此，即使地形比较复杂，B-1B 战略轰炸机仍可在离地 60 米的超低空实现高速飞行和作战攻击。

“身手矫健”——动力飞控系统出色

B-1B 战略轰炸机每侧中央翼段下方靠近飞机重心处有 2 个紧邻并列的发动机短舱，共装有 4 台 F101-GE-102 涡扇发动机，单台最大推力为 80 千牛，加力推力为 136.9 千牛。飞机装载四余度自动飞控系统，可控制飞行路径、横滚姿态、高度和空速等，并能实现自动油门控制和地形跟随飞行。利用前机身两侧下反 30 度的活动式小前翼和下段方向舵可进行突风减载控制，其控制参数来自于结构模态控制系统（SMCS）中装在机身上的垂向和侧向加速度计，通过在俯仰和偏航方向提供阻尼黏滞作用，可降低飞机在低空湍流飞行时的不稳定性，有利于缓解长时间低空高速突防飞行时机组人员的疲劳，并改善结构承载状况。

主要性能及参数

B-1B 战略轰炸机是一种高性能远程轰炸机，在高空可超声速飞行，在 200 英尺以下的低空可进行高亚声速飞行，不经空中加油可进行跨洲飞行。作为一种多用途战略轰炸机，B-1B 战略轰炸机的主要任务有：战略突防轰炸，常规轰炸，海上巡逻以及作为巡航导弹载机使用。

美空军改进现有战略轰炸机的主要措施包括：引进新型精确制导武器，增强火力突击能力；改进机上电子设备，提高空情获取能力和生存能力；改进机体，增强飞机对新型武器系统和技术装备的适应性，提高

作为一种多用途战略轰炸机，B-1B 战略轰炸机的主要任务有：战略突防轰炸，常规轰炸，海上巡逻，以及作为巡航导弹载机使用。

飞机的整体性能。

其中，对 B-1B 战略轰炸机的改进内容主要有：加装 16 号瞄准线数据链和一种超瞄准线数据链；改进驾驶舱，前后驾驶员采用共用的图形显示器；加装合成孔径雷达，使目标分辨率从之前的 3 米提高到 0.3 米，从而改进对目标的精确瞄准和武器投放能力。此外，在武器携带方面，B-1B 战略轰炸机将装备 JASSM 和新一代隐身巡航导弹 AGM-129。这两种导弹的投入使用，将进一步增强 B-1B 战略轰炸机的远程作战能力、突防能力和杀伤能力。

武器装备

B-1B 战略轰炸机带有三个内部武器舱，它们由机翼结构前方舱段和主起落架舱正后方舱段组成。前武器舱长 9.53 米，后武器舱长 4.57 米。前武器舱内有一块可前后移动的隔板，使其适于携带不同的武器，隔板前部剩余空间可用于装载燃油，但通常是利用隔板

B-1B 战略轰炸机的主要性能参数谱系

美国

B-1B 战略轰炸机（枪骑兵）

飞机几何数据	机长：44.5 米
	机高：10.4 米
	翼展（伸展时）：41.8 米
	翼展（后收时）：24.1 米
	机翼面积（总）：181.2 平方米
飞机重量	空机重：87100 千克
	正常起飞重量（战斗配置）：148000 千克
	最大起飞重量：216400 千克
动力装置	发动机型号：F101-GE-102
	发动机数量：4 台
	发动机类型：涡扇发动机
	发动机推力（单台）：80 千牛
	发动机最大推力（单台）：136.9 千牛
	发动机生产公司：通用电气

飞机性能数据	最大速度（海平面）：	0.95 马赫（965 千米 / 小时）
	最大速度（高空）：	1.25 马赫（1340 千米 / 小时）
	实用升限：	18000 米
	最大航程：	11998 千米
	作战半径：	5543 千米
	机翼载荷：	816 千克 / 平方米
	推重比：	0.37
其他	首飞时间：	1983 年 3 月
	主要使用国：	美国
	主要制造商：	罗克韦尔公司
	状态：	服役中

将前舱分为两个武器舱。中武器舱和后武器舱各自具有两个整体舱门，所有舱门都是液压驱动的。大多数常规武器在舱门完全开启时投放，空射导弹和核武器则是在舱门部分开启时投放。

除武器舱外，B-1B 战略轰炸机还在机身下方装备了 6 个双挂架悬挂接头和两个单挂架悬挂接头，可用来携带其他武器或外部油箱。B-1B 战略轰炸机可挂载 CBU-87/89/97 子母炸弹、Mk62/65 水雷、GBU-27 激光制导炸弹、GBU-31/38 制导炸弹、GBU-39 制导炸弹、WCMD CBU-103/104/105 制导子母弹、AGM-154 滑翔制导炸弹、AGM-158 防区外空地导弹等制导弹药，机内武器舱可同时挂 84 枚 227 千克的炸弹。目前，B-1B 战略轰炸机已不再配备核武器，但仍具有使用 AGM-86B 空射巡航导弹和 AGM-69 近距攻击导弹等核导弹的能力。

B-1B 战略轰炸机的旋转弹舱。

B-1B 战略轰炸机所有的武器都安装在活动式发射架而不是直接安装到飞机上，这一点与以前的大多数重型轰炸机不同。每一个发射架（旋转式或常规式）都带有必要的接口，用于武器装载和发射（投放）。武器和武器投放系统之间的通信指令，包括实际投放指令，都通过一个串行数据总线传输。这样，为了使 B-1B 战略轰炸机发射（投放）武器，航空电子系统软件中的武器投放和发射程序必须包含武器物理性能、武器弹道特性以及必须在武器投放之前传送的所有目标位置或导航数据。

美国 B-52 战略轰炸机

简介

B-52“同温层堡垒”战略轰炸机是美国波音公司为美国空军研制的一款亚声速远程战略轰炸机。它是第一代喷气式战略轰炸机，也是现代高速战略喷气式轰炸机的经典杰作之一。波音公司于 1948 年开始设计 B-52 战略轰炸机。1952 年，第一架原型机首飞。1955 年 6 月，第一批生产型开始交付使用。至今，B-52 战略轰炸机先后发展了 B-52A、B、C、D、E、F、G、H8 种型号。1962 年 10 月，B-52 战略轰炸机停止生产，总

目前世界上服役时间最长的作战飞机 B-52“同温层堡垒”战略轰炸机。

计生产 744 架飞机。目前，现役的都是 B-52H 型战略轰炸机。

B-52 战略轰炸机因其航程远、载弹量大的特点，担负了包括核战略轰炸、常规战略轰炸、常规战役战术轰炸和支援海上作战等多项作战任务。自服役至今，B-52 战略轰炸机无论是在平时的战略威慑，还是战时的空中作战，都以卓越的表现向世界展示着自身的价值。

尽管 B-52 战略轰炸机并不是美军最先进的战略轰炸机，但它的数量却占据了将近美军全部战略轰炸机数量的一半。现役的 B-52H 战略轰炸机，与 B-1B 战略轰炸机和 B-2 战略轰炸机共同构成了当今美国空军的战略轰炸力量。而 B-52 战略轰炸机因其辉煌的历史几乎成为一种美国力量的象征。

结构组成和设计特点

B-52 战略轰炸机基本沿用了 B-47 轰炸机的总体设计，采用大展弦比后掠机翼、低平尾、单垂尾、翼下成对吊装 8 台发动机的布局形式。从技术角度而言，B-52 战略轰炸机是世界上第一种真正的喷气式洲际战略轰炸机。在喷气式发动机广泛运用之初，B-52 战略轰炸机在飞行速度、高度、航程、载弹量等综合性能方面，比之前任何一型轰炸机都要高出很多，是 20 世纪五六十年代性能最为出色的战略轰炸机。

“空中巨无霸”——庞大的机身

B-52 战略轰炸机是迄今为止美国尺寸最大、吨位最重的轰炸机。以目前美国装备的 B-52H 战略轰炸机为例，该机长 49.05 米，翼展 56.4 米，最大起飞重量达

B-52 战略轰炸机

绰号“同温层堡垒”，通称波音 B-52“同温层堡垒”，是美国一型远程战略轰炸机。

多机编队伴飞的“空中巨无霸”。

到惊人的220吨以上，堪称“空中巨无霸”。如此巨大的外形尺寸和重量，对机体强度提出了极高的要求。据报道，飞机在停机状态下，由于机身挠性过大，前后两端会下垂约25毫米，同时机身蒙皮会出现斜向皱纹，但升空后由于升力作用，这样的“症状”就会消失。此外，机翼挠性也同样很大，飞行中翼尖上下摆动的幅度可达数米，犹如“大鹏展翅”。为了承受巨大的机体重量，飞机起落架放弃了传统的三点式，改用承载力更强的小车式，由4个双轮起落架组成，前后各2个。此外，左、右翼尖还分别装有支撑轮，用于支撑其庞大的机体和惊人的重量。

“强大的心脏”——动力强劲

为了使B-52庞大的机体具备较好的飞行性能，B-52战略轰炸机安装了多达8台的涡轮喷气发动机，这也是世界上配备喷气式发动机最多的机型之一。

最新的B-52H战略轰炸机的动力装置改为8台TF33-P-3/103涡扇发动机，2台1组，分4组吊挂于机翼下，单台推力达到76千牛。同组的2台发动机之间

B-52 战略轰炸机的发动机 2 台 1 组，分 4 组吊挂于机翼下。

B-52H 战略轰炸机的“神经系统”相当年轻，其机载电子设备并不比最新的 B-2 战略轰炸机逊色。

装有防火隔层，每台发动机都装有马鞍形油箱，滑油散热器装在发动机进气口的中心，发动机短舱吊架上方装有水袋。机内油箱采用软油箱，由尼龙布和尼龙带制成，外边包上一层树脂加强的尼龙布，总燃油容量约 174130 升。此外，侧翼下还可带 1 个 2560 升的副油箱。飞机采用液压空气泵供油，地面加油口在前起落架舱内，空中受油口在前机身顶部。

不断升级的航电系统

虽然 B-52 战略轰炸机在美军轰炸机序列中已经属于“老爷机”级别，但它的“神经系统”却还相当年轻，其最新改进型 B-52H 战略轰炸机的机载电子设备并不比最新的 B-2 战略轰炸机逊色。主要的通信 / 导航设备有：AN/ARC-210 甚高频 / 超高频电台、AN/ARC-310 高频电台、CRM-114 无线电通信鉴别器、AN/ASN-136 惯性导航系统、AN/APN-224 无线电高度表和 AN/ASN-134 航向基准设备等。主要的攻击用电子设备有：AN/APQ-156 攻击 / 导航雷达；AN/ASQ-151 光电观察系统，包括 AN/AAQ-23 前视红外系统（取代原来的 AN/AAQ-6）和 AN/AVQ-22 微光电视系统；AN/ASQ-175 显示与控制设备、AN/AYK-17 数字式数据显示器、AN/AYQ-10 弹道计算机等。

主要性能及参数

在美军的历史上，没有任何一种战机的使用时间能有 B-52 战略轰炸机这么长。这主要是因为美军在 B-52 战略轰炸机长达 60 多年的服役期间，不断对其进行改装升级，达到了很好的“延年益寿”效果，使其成为生命力最强的一款战略轰炸机。

总的来说，美军对 B-52 战略轰炸机的改装升级经历了几个重要阶段：20 世纪 60 年代，主要是对飞机结构进行加强，用来延长使用寿命并解决低空飞行时机体强度不足的问题；20 世纪 70 年代，B-52 战略轰炸机开始由核炸弹平台向核巡航导弹平台转型；20 世

B-52H 战略轰炸机剖面图。

纪 90 年代，B-52 战略轰炸机开始迈上信息化之路，由大规模面打击武器平台向精确点打击武器平台转型；进入 21 世纪后，B-52 战略轰炸机开始由单平台作战向网络化作战转型。尤其是在最近一个阶段，面对 B-52 战略轰炸机老龄化严重的问题，美军采取一切手段对其进行延寿，最大限度地使它能够适应新环境的要求。其中，重点是在打击能力、信息化能力等方面做文章。

在打击能力方面，主要是增强 B-52 战略轰炸机的载弹量。2013 年 9 月，美国空军与波音公司签下价值 2460 万美元的合同，对现役 B-52H 战略轰炸机的导弹发射挂架进行改进，使其能够挂载精确制导武器。升级之后，B-52H 战略轰炸机的总载弹量增加 67%，能够携带 24 枚 227 千克或者 20 枚 908 千克的 JDAM、JASSM 和小型空射诱饵弹。不仅如此，改进后的弹舱还能将所有武器内置，大大提高了飞行过程中的燃油效率。

在信息化能力方面，主要是为 B-52 战略轰炸机配备了新型通信设备。2014 年 4 月 25 日，美国空军全球打击司令部在路易斯安那州巴克斯代尔空军基地接收了首架完成“作战网络通信技术”升级的 B-52H 战略轰炸机。通过升级，B-52H 战略轰炸机加装和换装了数字式显示器、计算机网络服务器和实时超视距通信联络设备。这些改进使 B-52 战略轰炸机能够接收来自航空航天作战中心的实时信息和目标定位数据，从而可以在飞行过程中改变任务规划、重新设置武器，同时还能与地面的战术空中控制小组进行通信，以更好地执行近距离空中支援的任务。按照计划，美军将对现役全部 B-52H 战略轰炸机进行“作战网络通信技术”升级，以使该型机至少服役到 2040 年。

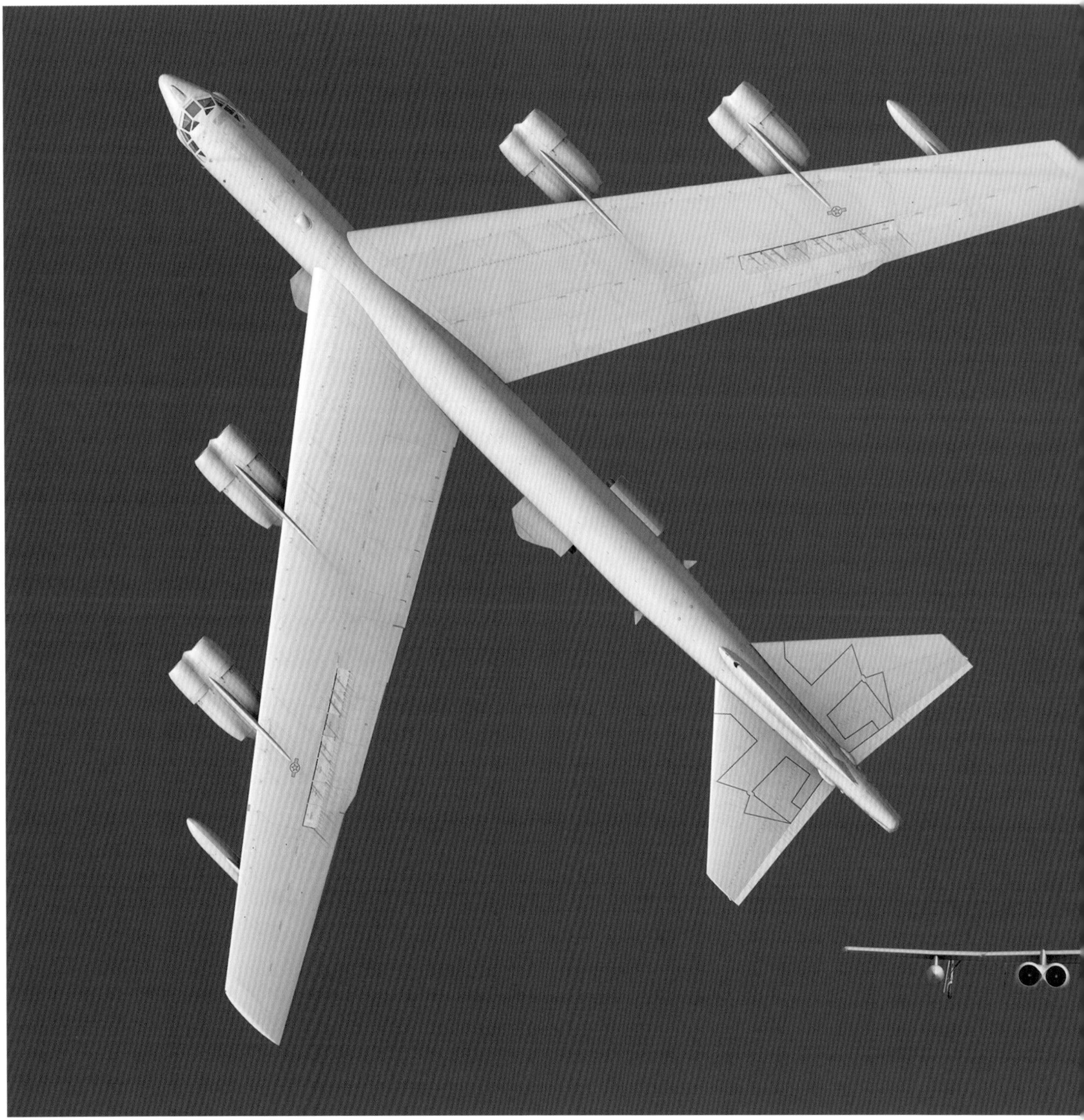

B-52 战略轰炸机的主要性能参数谱系

美国

B-52 战略轰炸机（同温层堡垒）

飞机几何数据	机长	49.05 米
	机高	12.4 米
	翼展	56.4 米
	机翼面积（总）	370 平方米
动力装置	发动机型号	TF33-P-3/103
	发动机数量	8 台
	发动机类型	涡扇发动机
	发动机推力（单台）	76 千牛
	发动机长度	6200 毫米
	发动机直径	1000 毫米
	压缩机	轴流，7 级低压
	发动机生产公司	普惠公司
飞机重量	空机重	83250 千克
	最大起飞重量	220 吨
燃油及载荷	机内燃油	174130 升
	载重量	120 吨
飞机性能数据	最大平飞速度	1047 千米 / 小时
	巡航速度	844 千米 / 小时
	实用升限	15000 米
	航程	16232 千米
	作战半径	7210 千米
	爬升率	31.85 米 / 秒
	机翼载荷	586 千克 / 平方米
	升阻比	21.5
	推重比	0.31

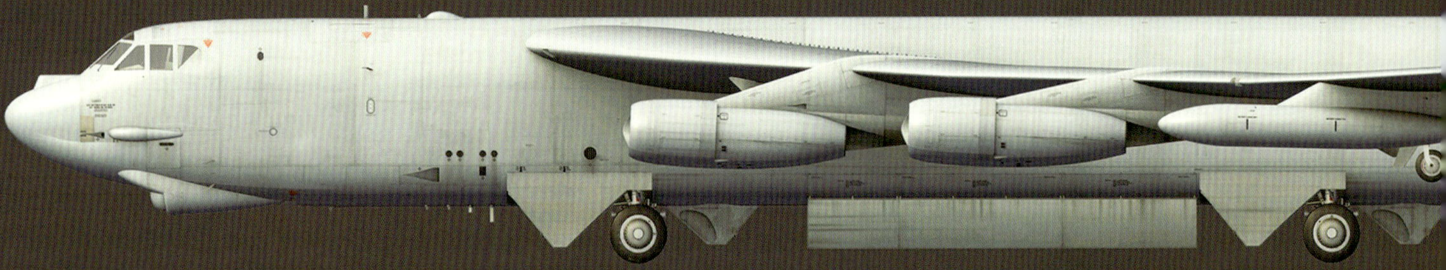

其他	成员：	5 人
	首飞时间：	1952 年 4 月 15 日
	主要使用国：	美国
	主要制造商：	波音公司（1952 年至 1962 年）
	总数量：	744 架
	状态：	服役中
	单价：	7400 万美元

武器装备

B-52 战略轰炸机的武器配备方案十分广泛，包括美国空军现役所有的核弹、常规炸弹、巡航导弹等，可选择的机载武器范围甚至超过了更为新型的 B-1B 和 B-2 战略轰炸机。

早期 B-52 战略轰炸机的设计用途主要为携带核弹实施战略核攻击，越南战争爆发后，它被改装成为投掷常规炸弹的轰炸机。改装后的飞机在机腹弹舱内可携带 84 枚 227 千克炸弹或 42 枚 340 千克炸弹。同时，飞机机翼下还可外挂 24 枚 340 千克炸弹，最大载弹量可达 30 吨。如此巨大的载弹数量使得 B-52 战略轰炸机可以非常轻松地实施大面积“地毯式”轰炸，这一直以来都是 B-52 战略轰炸机的拿手好戏。

在机载空地导弹出现后，B-52 战略轰炸机的攻击能力进一步提高。最早 B-52 在机翼下加装了两个挂架，用于携带 2 枚“大猎犬”空地导弹，该导弹主要用于实施核攻击。20 世纪 80 年代，在美国专门为轰炸机研

B-52 战略轰炸机是目前美军现役各型战机中挂弹品种最为齐全、作战方式最为灵活的轰炸机之一。

制的空射巡航导弹 AGM-86B 正式交付空军使用后，B-52 的作战能力得到了空前的提高。AGM-86B 重 1360 千克，最大射程可达 2500 千米，可携带常规弹头或核弹头。挂载了该型导弹后的 B-52 战略轰炸机不再需要冒险突破敌方严密的防空火力网，可在距离目标 2000 千米以外的相对安全地带发起常规攻击或核攻击，这使当时已略显老态的 B-52 战略轰炸机顿时重获新生。之后，B-52 战略轰炸机又经过不断改进，升级了导航、机电、通信等系统，其作战性能和战略威慑力丝毫不亚于 B-1B 等型号战略轰炸机，是目前美军现役各型战机中挂弹品种最为齐全、作战方式最为灵活的轰炸机之一。

俄罗斯图 -160 战略轰炸机

简介

2018 年 1 月 25 日，俄罗斯总统普京视察了图波列夫公共股份公司（简称图波列夫公司）旗下的戈尔布诺夫喀山航空生产联合体，他此行的主要目的是观看最新型的图 -160M2 战略轰炸机的“首飞”仪式，足见这款新型战略轰炸机在俄罗斯航空领域中的重要地位。

图 -160M2 战略轰炸机是俄罗斯图 -160 系列轰炸机的最新改进型号。图 -160 战略轰炸机是冷战时期苏联图波列夫设计局（今俄罗斯图波列夫公司）为苏联空军研制的可变后掠翼四发涡扇超声速远程战略轰炸机，用来取代米亚 -4 和图 -95 飞机执行战略突防轰炸任务。主要用途是投掷常规炸弹、核弹和核巡航导弹，它于 1987 年装备苏联空军，1988 年形成战斗力。

图 -160 战略轰炸机
北约代号“海盗旗”，又称图波列夫图 -160，是苏联 / 俄罗斯一型超声速可变后掠翼远程战略轰炸机。

06
RF-94109
ВВС РОССИИ

世界上速度最快、体积最大的战略轰炸机图 -160 战略轰炸机。

图 -160 系列轰炸机的诞生创造了两项世界纪录——世界上速度最快、体积最大的战略轰炸机，高空飞行速度可达 2.05 马赫，远远高于其他轰炸机。该系列轰炸机是可不经空中加油就能对超远距目标实施攻击的轰炸机。目前，俄罗斯空军㊀共装备了 15 架图 -160 系列轰炸机，数量并不多。

图 -160 系列轰炸机是一款多用途超声速战略轰炸机，不仅能以亚声速、低空突防进行攻击，还可以在高空、超声速的情况下作战。当它携带巡航导弹和近距攻击导弹时，能够对预先确定坐标的目标进行核打击。此外，图 -160 系列轰炸机机身下还能挂载一种采用固体燃料的三角翼火箭运载装置，它可以把 300~500 千克重的载荷发射到 500~700 千米高的轨道上或将 50~150 千克重的载荷发射到 1000 千米高的轨

㊀ 俄罗斯空军在 2015 年和空天防御军合并，组建俄罗斯空天军，本书为避免名词不统一，统一称为俄罗斯空军。 ——编者注

“大鹏展翅”。

道上。该系列战机虽然因苏联解体而未能大量装备部队，但因性能十分出色，被认为是当今最优秀的战略轰炸机之一。

结构组成和设计特点

图 -160 系列轰炸机均为可变后掠翼常规布局，采用翼身融合设计，既降低了阻力，又增加了升力和内部容积。飞机机体重量的 20% 为钛合金，机身比 B-1B 战略轰炸机长约 20%，是目前世界上最大的作战飞机。该系列轰炸机采用电传飞控系统，高速飞行能力比 B-1B 战略轰炸机好，不进行空中加油的作战半径也比 B-1B 战略轰炸机大，但总载弹量要比 B-1B 战略轰炸机小。根据战术技术要求，该系列轰炸机的主要作战方法是在高空用巡航导弹进行防区外攻击或实施超声速突防攻击，在低空使用近距攻击导弹和核炸弹等武器实施高亚声速突防攻击。

“优雅的白天鹅”

图 -160 系列轰炸机是有史以来最大的轰炸机，被认为是世界上各型轰炸机中外形最为优美的一种，有“白天鹅”的美誉。该系列轰炸机的机身圆润细长，

图 -160 战略轰炸机被称为“空中白天鹅”确实名副其实。

下部设有前、后武器舱，中机身结构围绕 1 根长 12.4 米、宽 2.1 米的钛合金焊接大梁制造，机体过载能力很强。

图 -160 系列轰炸机机翼固定段前缘的后掠角较大，呈弧线形，直到机头座舱的两侧，手动控制的机翼后掠角度范围从 20 度到 65 度，空中机翼伸展到最大距离时，长达 55.7 米。1988 年 8 月，美国国防部长卡卢奇访问苏联，他此行最大的收获之一便是亲眼看见了苏联人守口如瓶的图 -160 战略轰炸机。在库宾卡空军基地，图 -160 战略轰炸机进行了低空飞行表演，白色机身的图 -160 战略轰炸机在空中十分秀美，在场的美国人禁不住将其称为“白天鹅”，从此这一外号便逐渐流传于世。

“更胜一筹”——世界上最大最重

如果说 B-52 战略轰炸机是“空中巨无霸”，那么图 -160 系列轰炸机必然是“更胜一筹”了。图 -160 战略轰炸机是迄今为止世界上最大最重的轰炸机，除了翼展略微小于 B-52 战略轰炸机以外，它的外形尺寸超

过了其他任何一种轰炸机型。图-160战略轰炸机的最大起飞重量达到了创纪录的275吨，比此前最重的B-52战略轰炸机还要多50余吨，巨大的机身使得图-160战略轰炸机具备了更大的改装空间。图-160系列轰炸机的起落架采用类似美国B-52战略轰炸机的小车式，每侧有多达3对的轮胎，用于支撑庞大沉重的机体。

“空中闪电”——长、短跑冠军

由于动力极为出色，图-160系列轰炸机不仅能以亚声速、低空突防实施攻击，也能以高空超声速的方式进行突防。图-160系列轰炸机的动力装置为4台NK-321涡扇发动机，高空最大飞行速度可达到2.05马赫，是世界上飞行速度最快的重型战略轰炸机，相比之下，美国同类型的B-1B战略轰炸机的最大飞行速度只有1.2马赫。

图-160系列轰炸机还具备超声速连续长时间飞行的能力，它在服役期间曾创造过多项大型飞机的世界飞行纪录。而图-160系列轰炸机不仅飞行速度更快，机动性能也很好。它的最大使用过载可达到2.5，这在重型战略轰炸机中十分罕见，接近图-22M中型轰炸机的水平。与之相比，美国B-52战略轰炸机的最大使用过载只有1.5，B-1B战略轰炸机也只有2，高下立现。

图-160M2战略轰炸机采用了最新的NK-32-02型发动机，与图-160战略轰炸机采用的NK-321型发动机相比，推力和可靠性都有所提高，进一步强化了其在本领域的巨大优势。

“秀外慧中”——航电一流

图-160系列轰炸机虽“四肢发达”，但“头脑绝不简单”。与冷战期间苏联军用战机注重飞行性能而电子设备相对落后的情况不同，图-160战略轰炸机几乎采用了当时苏联所有最先进的电子系统。该机是苏联最先采用电传操纵系统的军用战机，全机集成了8台数字式导航计算机和大约100个数字式处理器。

图-160战略轰炸机机身上装有天文和惯性导航系统，机头装有“检阅”-K导航/攻击雷达和“山峦”

图-160战略轰炸机的动力装置为4台NK-321涡扇发动机，高空最大飞行速度可达到2.05马赫，是世界上飞行速度最快的重型战略轰炸机。

图-160系列轰炸机的数字化座舱。

地形跟随雷达，这使该机具备地形跟踪能力和很强的超低空高速飞行能力。飞机前机身下部有用于辅助投弹瞄准的 OPB-15T“雷雨”光学轰炸瞄准具并装有“贝加尔湖”自防御系统，集成了雷达寻的和警戒系统、雷达告警接收机、基于红外探测的导弹告警系统、主动干扰机和安装在机尾的箔条 / 曳光弹投放装置。

“不当偏科生”——隐身能力也不弱

尽管机身庞大，但图 -160 系列轰炸机并不像 B-52 战略轰炸机那样“招摇过市”，它是苏联最早采用隐形技术的战机之一，虽然隐形效果达不到美国 B-1B 战略轰炸机的水平，但仍起到了较好的隐形效果。因采用翼身融合技术、在进气道前缘和机身前段及其他有关部位采用吸波材料或吸波涂层、座舱玻璃上采用了吸波过渡网、发动机尾喷口屏蔽等，都使图 -160 系列轰炸机获得了较好的隐形效果。据称，图 -160 系列轰炸机的雷达反射面积只有图 -22M 战略轰炸机的十分之一左右，这对于这种世界上尺寸最大的轰炸机来说，已经是相当难能可贵的了。

主要性能及参数

除了优异的机动性能，让美国人感到寝食难安的就是图 -160 系列轰炸机的超远距离航程。图 -160 系列轰炸机在不经过空中加油时的最大航程便已经达到 12300 千米，如果配合使用机载巡航导弹，美国本土几乎全部被覆盖在图 -160 的攻击范围之内。再加上无与伦比的高速突防能力，图 -160 系列轰炸机不折不扣地成为继陆基洲际弹道导弹、弹道导弹核潜艇之后对美

图 -160 战略轰炸机的主要性能参数谱系

俄罗斯
图 -160 战略轰炸机（“海盗旗”）

飞机几何数据	机长：	54.10 米
	机高：	13.10 米
	翼展（20 度后掠角）：	55.70 米
	翼展（65 度后掠角）：	35.60 米
	机翼面积（伸展）：	400 平方米
	机翼面积（后掠）：	360 平方米
飞机重量	空机重：	110000 千克
	正常飞行重量（战斗配置）：	267600 千克
	最大起飞重量：	275000 千克
燃油及载荷	机内燃油：	160000 千克
	最大武器载荷：	40000 千克

飞机性能数据	最大平飞速度：	马赫 2.05（2220 千米 / 小时）
	飞行高度：	12200 米
	巡航速度：	马赫 0.9（960 千米 / 小时）
	实用升限：	15000 米
	航程：	12300 千米（不空中加油）
	作战半径：	7300 千米
	爬升率：	70 米 / 秒
	机翼载荷（机翼全展开）：	742 千克 / 平方米
	推重比：	0.37
其他	成员：	4 人
	首飞时间：	1981 年 12 月 18 日
	主要使用国：	俄罗斯
	主要制造商：	图波列夫设计局
	状态：	服役中

动力装置	发动机型号：	NK-321
	发动机数量：	4 台
	发动机类型：	加力涡扇发动机
	发动机推力（单台）：	137.3 千牛
	发动机最大推力（单台）：	245 千牛
	发动机长度：	6000 毫米
	发动机直径：	1460 毫米
	发动机重量：	3400 千克
	发动机涵道比：	1:4
	发动机生产公司：	库兹涅佐夫发动机公司

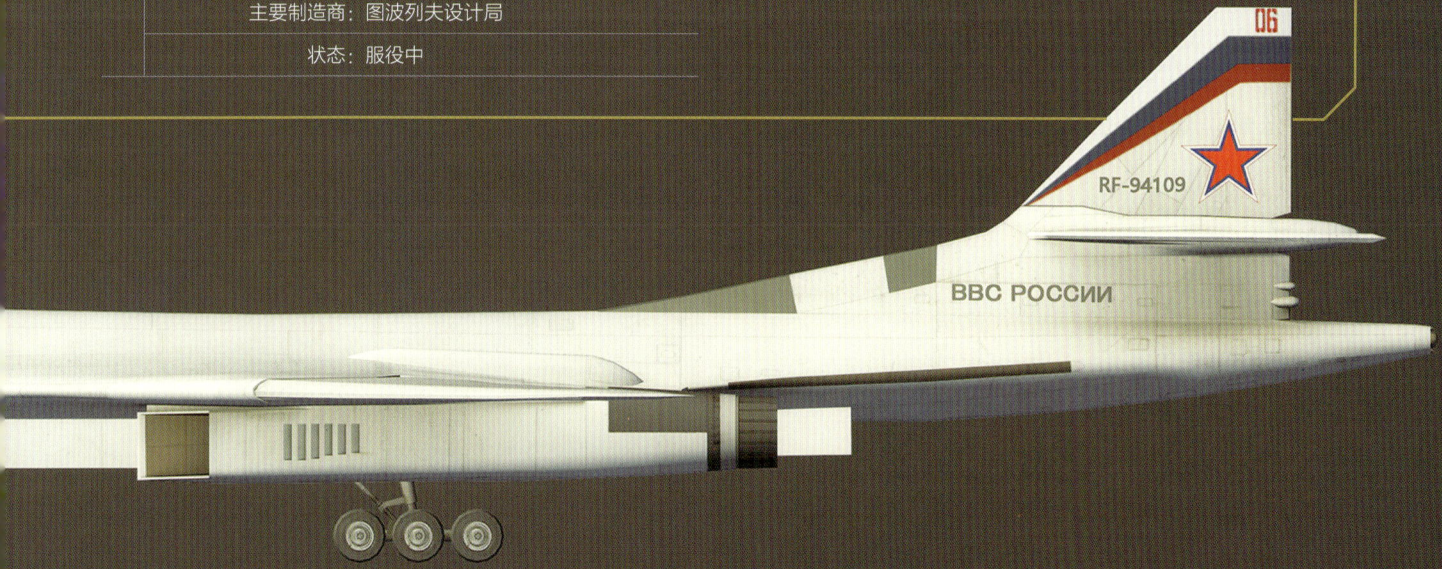

巡航状态下的图 -160 战略轰炸机正在准备空中加油。

国本土威胁最大的武器系统。

在图 -160 战略轰炸机的基础上，图 -160M2 战略轰炸机的综合性能更加出色。图 -160M2 战略轰炸机并非图 -160 系列轰炸机老型号简单地重新生产，而是根据俄未来战争需求和近年来航空技术的发展，进行了全方位的升级，改进工作涉及机体、结构、动力、航电和武器等各个方面，几乎覆盖每一个子系统。可以肯定的是，图 -160M2 战略轰炸机的气动布局并没有明显的改变，变化较大的是其信息化程度，它的电子系统更加先进，仪表式座舱将变为数字化座舱，武器系统加挂了新的巡航导弹和精确制导炸弹，电子对抗系统也将进一步现代化。

从俄军方和工业部门发布的信息来看，图 -160M2 战略轰炸机还使用了全新的数字化座舱和电子战系统。通过使用界面简洁的数字化座舱，飞行员可以更加方便获取关键信息，提高作战效率。在电子战系统方面，该机使用了苏 -57 和苏 -35 战机电子战系统的相关技术，提升了战机的防御能力。俄军工系统代表在接受红星电视台采访时称，在飞机遭到电子战攻击和全向电子战压制时，该系统仍能工作。

根据俄军计划，图 -160M2 战略轰炸机将服役至 2040 年，将和升级后的图 -95MSM 战略轰炸机一道，成为俄未来十几年空基核力量的主力装备。

武器装备

图 -160 系列轰炸机是目前世界上载弹量最大的轰炸机，最多可挂载 40 吨弹药，具有很强的弹药投掷能力。它的作战任务主要是携带巡航导弹和近距攻击导弹对预先确定的目标进行核打击或发射短距攻击导弹压制对方防空火力，也可低空突防用核炸弹或导弹攻击重要目标。

图 -160 硕大的弹舱旋转挂架，可以挂载 6 枚巨大的带核弹头的巡航导弹，射程 3000 千米。

图 -160 战略轰炸机展示其配备的 X-555 巡航导弹。

升级后的图 -160M2 战略轰炸机除了可以沿用图 -160 战略轰炸机的 Kh-555、Kh-101/102 巡航导弹和非制导炸弹等机载武器外，还将装备俄正在研制的未来远程巡航导弹及精确制导炸弹。俄国家自动化技术研究所负责人接受媒体采访时称，图 -160M2 战略轰炸机的作战指导思想就是寻找并利用敌方防空系统的漏洞在防区外进行精确打击。

经过升级，图 -160M2 战略轰炸机可以使用卫星制导炸弹等精确制导弹药，比如已经在叙利亚战场上进行过实战的 KAB-500S-E 卫星制导炸弹，该炸弹制导使用了俄罗斯自己的“格洛纳斯”全球卫星导航系统。

俄罗斯图 -95 战略轰炸机

简介

2018 年 8 月，图波列夫公司的总经理亚历山大 · 科纽霍夫表示，该公司已经从俄罗斯国防部获得了一份合同，将执行图 -95MS 战略轰炸机的现代化升级任务，新升级的飞机叫图 -95MSM 战略轰炸机，作为巡航导弹发射机使用，被誉为“空中导弹航母”。

图 -95 系列轰炸机是苏联图波列夫设计局为苏联空军研制的远程战略轰炸机，可用于执行战略轰炸、战略打击、电子侦察、图像侦察、海上巡逻和反潜作战等多种任务。该机曾在试验中投掷过迄今为止威力最大的核弹，也是目前世界上飞行速度最快的涡桨飞机。

图 -95 系列轰炸机于 1951 年开始研制，1952 年第一架原型机首次试飞，批量生产型号于 1956 年开始交付使用，早期型号共生产了 300 多架。图 -95 战略轰炸机见证了整个美苏冷战的全过程，在 20 世纪 80 年代还重新开启生产线，又生产数百架，如今服役的图 -95MS 系列轰炸机都是 80 年代以后生产的型号。

图波列夫公司在 2009 年 12 月启动了图 -95MSM 战略轰炸机的研制工作。第一架原型机“红色 55 号”在塔甘罗格工厂接受改装，于 2011 年 10 月首飞。2014 年，第一架生产型图 -95MSM 战略轰炸机被移交

图 -95 战略轰炸机是冷战时期苏联空军大量装备的四发涡桨远程战略轰炸机，可用于执行战略轰炸、战略打击、电子侦察、图像侦察、海上巡逻和反潜作战等多种任务。

图 -95 轰炸机
北约代号“熊”，通称图波列夫图 -95“熊”，是苏联 / 俄罗斯一型远程战略轰炸机。

给俄远程航空兵部队，这架图 -95MSM 战略轰炸机的战术编号是“红 10”，被命名为“萨拉托夫”，序列号 RF-94128，翼下安装了能挂载 Kh-101/Kh-102 导弹的挂架。据悉，截止到 2015 年 8 月，已经有 6 架图 -95MS 战略轰炸机被升级到 MSM 标准。

结构组成和设计特点

廉颇老矣?

图 -95 系列轰炸机一直沿用其 20 世纪 50 年代诞生以来的机型设计，看上去跟二战的老爷机类似，跟现代作战飞机优美的外形格格不入。图 -95 系列轰炸机机身为半硬壳式全金属结构，横截面呈圆形，由前、中、后三段组成，与图 -16 战略轰炸机的机身布置基本相同。机头部位上下各有一个难看的“鼓包”，上方的圆形透明鼓包，供领航员和航炮操纵员观察用，可进行天文导航和操纵后机身上方的炮塔，下方的白色鼓包用来容纳导航 / 轰炸雷达。此外，由于机翼上装备了巨

从现代作战飞机的角度审视，图 95 战略轰炸机确实具有相当“怀旧”的外形。

图 -95 战略轰炸机上方的圆形透明鼓包，供领航员和航炮操纵员观察用，下方的白色鼓包用来容纳导航 / 轰炸雷达。

图 -95 战略轰炸机的 NK-12 是迄今为止功率最大的涡桨发动机，图 -95MSM 战略轰炸机将更换功率更加强劲的 NK-12MPM 发动机。

大的涡桨发动机，导致其起落架很高，外观看起来相对简单粗暴，机身不太协调。

但“廉颇”看似“垂垂老矣”，却一直是俄罗斯战略轰炸机部队的重要角色。自 21 世纪初以来，俄罗斯加大了战略轰炸机在全球的活跃程度，超声速的图 -160 战略轰炸机等只是偶尔执行远程巡逻任务，而实际上图 -95MS 战略轰炸机才是俄罗斯空军执行全球巡逻任务（2013 年起被正式称为“战略威慑飞行”）的主力。

涡桨界的“领头羊”

图 -95 战略轰炸机装备了四台大型 NK-12 涡桨发动机。NK-12 是一款应用广泛的发动机，不仅仅是图 -95 战略轰炸机，包括安 -22 战略运输机甚至是我国进口的“欧洲野牛”气垫登陆舰，都使用该型发动机。NK-12 最大的特点是两套螺旋桨反转拉进，外形上和一般的涡桨发动机差别很大。NK-12 的单台功率达 11014 千瓦，是迄今为止功率最大的涡桨发动机，靠着澎湃的动力，图 -95 战略轰炸机可以达到 885 千米 / 小时的最高飞行速度，接近螺旋桨飞机的极限速度。

同时，俄罗斯目前还在开发 NK-12MPM，这是 NK-12 涡桨发动机系列最先进的改型，将安装在图 -95MSM 战略轰炸机上。NK-12MPM 的功率将高于之前 NK-12MP 生产标准的 15000 马力（1 马力 =0.735 千瓦），为了应对额外的动力给螺旋桨带来的超额振动，Aerosyla 公司正在研发一种重新设计的 AK-60T 螺旋桨，它将取代原来的 AV-60K 螺旋桨并将振动水平减半。

可靠的机电

图 -95 战略轰炸机的飞控为液压助力机械操纵系统，电源系统包括 8 台由发动机驱动的 GSR-18000M 发电机和多个 SAM-55 蓄电池，背鳍内装有燃气涡轮辅助动力装置，其排气口在平尾前缘上方，乘员舱的气压由 1 台 ARD-54 调节器控制。图 -95 战略轰炸机的机头下方装有“检阅”导航/轰炸雷达，上方为气象雷达，方向舵底部、机尾炮塔上方有PRS-1射击瞄准雷达，气象雷达两侧和尾炮射击员舱两侧均有电子对抗设备，机头下方左侧和后机身下方还有主动干扰机天线。图-95战略轰炸机还有多套红外告警系统，其探测窗口布置在机头下方和机身上方，每侧主起落架舱后部有8套三管箔条/曳光弹投放装置，分两排布置，D波段敌我识别天线安装在受油探管上方，RSBN近距导航系统的天线位于机尾整流罩下方。

几十年来，图-95系列轰炸机一直是苏联/俄罗斯三位一体核打击力量的重要组成部分。

主要性能及参数

自问世以来，图-95系列轰炸机一直是苏联/俄罗斯三位一体核打击力量的重要组成部分，包括最大当量的核弹“大伊万”以及最大当量的常规炸弹，都是由图-95系列轰炸机负责投掷测试的，该机也是冷战时期，在西方媒体上镜率最高的苏联飞机之一。但是，由于早期主要执行核轰炸任务，大当量核弹头杀伤半径大，对命中精度要求不高，导致了图-95战略轰炸机的精确打击能力贫弱，即使携带常规炸弹执行轰炸任务，该机也只能使用常规炸弹执行地毯式轰炸任务，没有精确打击的能力。

从2003年开始，经过改进后的图-95战略轰炸机可以发射Kh-555常规战略巡航导弹。在此之前，图-95战略轰炸机只能携带Kh-55/Kh-55SM核导弹，作为导弹载机而言，用途十分有限，所以俄军在2013年开始了升级计划，逐步将图-95MS战略轰炸机升级到MSM标准。

图-95MSM战略轰炸机是一种双重任务导弹发射平台，在战略威慑任务中挂载带有核弹头的空射巡航导弹，同时也能用常规巡航导弹向俄罗斯国境外的地面固定目标实施打击。改进升级之后，图-95MSM战略轰炸机具有众多全新的系统，导弹发射控制系统兼容Kh-101/Kh-102、KH-55，KH-55SM和Kh-555空射巡航导弹；导航套件集成了ANS-2009天文惯导系统，显著提高自主导航能力，无须依赖卫星和地面站的导航信号。

其他新设备还包括NVS-201M导航计算机、A-737 IGPS/格洛纳斯联合接收器、VIM-95仪表着陆系统、KSU-021飞行控制系统、RSBN-85V战术助航设备（用于在空中加油集合点定位加油机）和用于武器控制的SVVI-02-16数据上传/下载单元。此外，图-95MSM战略轰炸机还拥有一套全新的通信系统以及做出根本性

垂尾细节做工暴力，但不影响图 -95 战略轰炸机的威慑力。

改进的“流星”-NM2 自卫套件，后者配备了新一代雷达告警接收机和主动雷达干扰机。

武器装备

2003 年前，带保形油箱的 Kh-55SM 核导弹是图 -95 战略轰炸机的主要攻击手段，其自卫武器是尾炮塔内的两门 23 毫米口径 GSH-23 双管炮，射速每分钟 3000 发，每门备弹 600 发。炮塔可以由“氪”后视雷达（安装在炮塔上方）控制射击或由炮手用 PS-253K 瞄准具射击，机炮也可以发射箔条和红外干扰弹对敌机发射的红外或雷达制导导弹实施干扰。中机身下方的武器舱正常载弹量为 10000 千克，最多可装 15000~25000 千克的弹药。机腹弹舱长 6 米，内部安装一个 MKU-6-5 导弹旋转发射架，升级后可挂 Kh-555 常规战略空射巡航导弹。

在适配 Kh-555 的同时，图 -95 战略轰炸机也在进行适配 Kh-101/-102 新型导弹的工作。由于图 -95 战略轰炸机的弹舱小无法容纳 Kh-101/102，相关的改进工作较大，最终改进的版本就是现在的图 -95MSM 战略

图 -95 战略轰炸机的主要性能参数谱系

俄罗斯
图 -95 轰炸机（“熊”）

飞机几何数据	机长：49 米
	机高：12.12 米
	翼展：50 米
	机翼面积（总）：290 平方米
动力装置	发动机型号：NK-12
	发动机类型：涡桨发动机
	功率：15000 马力
飞机重量	空机重：90000 千克
	最大起飞重量：188000 千克
燃油及载荷	机内燃油：87000 千克
	武器载重：20800 千克

飞机性能数据	最大平飞速度：855 千米 / 小时
	巡航速度：810 千米 / 小时
	最大升限：12000 米
	实用升限：10500 米
	航程（不同武装）：11000 千米
	机翼载荷：638 千克 / 平方米
	续航时间：10 小时（常规情况）
	续航时间：18.5 小时（带满副油箱）
	作战半径：一次空中加油 8300 千米
	作战半径：不加油携带 X-55SM 巡航导弹打击范围 8500 千米
	作战半径：不加油携带 X-101/102 巡航导弹打击范围 10000 千米

其他	乘员：	7 名，驾驶员 2 名，机尾炮手 1 名，其他人员 4 名
	首飞时间：	1952 年 11 月 12 日
	服役：	1956 年
	设计：	图波列夫设计局瓦连京 · 伊万诺维奇 · 布利兹纽克
	产量：	704 架
	现况：	服役 56 架，其中图 -95MS 型 43 架
	主要用户：	苏联空军，苏联海军航空兵，俄罗斯空军

图 -95MSM 战略轰炸机挂载 8 枚 X-101/102 巡航导弹进行战略威慑巡航。

轰炸机。

改进中，图 -95MSM 战略轰炸机增加了 8 个 Kh-101/102 导弹专用的挂架并升级了火控、飞行、导航、自卫、座舱以及动力等各个子系统，可用于携带精确制导的常规空对地导弹。至此，图 -95MSM 战略轰炸机也具备了对地精确打击的能力，可以在防区外使用远程巡航导弹执行常规打击任务。俄罗斯空军希望将总共 20 架图 -95MS 战略轰炸机升级为 MSM 型号，由此可见，图 -95 系列轰炸机家族未来还会在俄罗斯空军服役很多年。

俄罗斯图 -22M 战略轰炸机

简介

2018 年 12 月 28 日，俄罗斯一架新型轰炸机完成了首次试飞，吸引了世界各国的广泛关注。该机就是著名的“逆火”轰炸机家族中最新型号——图 -22M3M“逆

图 -22M 战略轰炸机
北约代号“逆火”，又称图 -26，是苏联一型超声速远程战略轰炸机。

火 C”超声速轰炸机，它也是自苏联解体后“逆火”家族第一款全新改进型号。

图 -22M3M 战略轰炸机是在俄罗斯轰炸机部队已有的图 -22M3 远程型轰炸机基础上改进而来的现代化升级版本。俄罗斯最早在 20 世纪 80 年代提出了图 -22M4 计划，由于苏联解体后俄罗斯国内经济状况欠佳，“逆火”过于老旧的航电、发动机进行现代化改装的计划一拖再拖，一直耽搁到了 2018 年才完成升级版图 -22M3M 战略轰炸机的首飞。

图 -22M 系列轰炸机是苏联图波列夫设计局为苏联空军研制的可变后掠翼双发涡扇超声速中程轰炸机，可用来执行核打击、常规轰炸、反舰和侦察等多种任务，北约代号为“逆火”，以区别于图 -22 战略轰炸机的代号“眼罩”。图 -22M 系列轰炸机是目前世界上装备数量最多的轰炸机，在很长一段时间里，它也是苏联空中进攻威胁的代名词。冷战期间，挂载导弹的图 -22M 战略轰炸机可进行“饱和攻击”，对北约地面目标集群真正形成了潜在的毁灭性威胁。尽管冷战已经画上了一个句号，但图 -22M 战略轰炸机仍是俄罗斯所倚仗的重要反舰打击力量。

随着俄罗斯启动图 -22M 系列轰炸机的升级与改造，有报道称，俄罗斯空军计划把 30 架现役图 -22M3“逆火”战略轰炸机升级到 M3M 型的标准，于 2021 年正式列装图 -22M3M 战略轰炸机，该机将继续履行“逆火”家族的历史使命，成为打击美国航母编队的空中核心。

结构组成和设计特点

图 -22M 系列轰炸机为可变后掠翼常规布局，两侧进气道，2 台发动机并列布置在机尾，总体布局与战斗机类似。该机的攻击范围可覆盖除葡萄牙之外的所有欧洲国家，如经空中加油，还可以从苏联的北极军事基地起飞攻击美国本土，然后再飞回俄国内基地。

在外观上，图 -22M3M 战略轰炸机主要是将尾部的航炮取消，安置了新的电子战设备。据称，图 -22M3M 战略轰炸机是在原有的图 -22M3 战略轰炸机上进行深度升级改造而成的，装配了新式综合航电、通信、武器瞄准设备、电子战装备、发动机控制系统和自动化燃料设备等，整体性能较图 -22M3 战略轰炸机有了大

图 -22M 战略轰炸机是可变后掠翼双发涡扇超声速中程轰炸机，可用来执行核打击、常规轰炸、反舰和侦察等多种任务。

图 -22M3M 战略轰炸机正面特写，机首上方凸起的整流罩是其重要特征。

幅提高。俄方称，图 -22M3M 战略轰炸机的导航精度和自动化程度提高了 80%，其飞行前的维护和准备工作也得到了简化。此外，图 -22M3M 战略轰炸机的机载通信设备与图 -160 战略轰炸机的系统统一，这意味其使用了新型保密数据链，大大提高了战时通信能力。

“灵动”的翼尖

可变后掠翼的设计是图 -22M3 系列轰炸机外形最大的特色，这一设计比 B-1B 战略轰炸机和图 -160 战略轰炸机都要早。图 -22M3 系列轰炸机采用悬臂式下单翼结构，外翼段后掠角可变 20 度至 50 度，机翼转轴较靠外，目的是减少机翼掠动时压力中心的位移。当机翼后掠角处于最小的 20 度时，飞行性能可得到大大提高；当后掠角处于中等位置时，则用于巡航飞行，以获得最远的飞行距离；当后掠尾达到最大的 65 度时，飞行速度可达到最快的 2300 千米 / 小时。

采用可变后掠翼技术后，无论是高空高速飞行还是低空高速突防，图 -22M3“逆火”战略轰炸机的飞行性能都比图 -22“眼罩”战略轰炸机有了很大提高。“逆火”式非凡的高速突防性能是同期各型轰炸机都无法比拟的，机载巡航导弹的出现和潜在的空中加油能力，使其随时具备强大的洲际战略进攻能力。

“澎湃”的动力

图 -22M3 战略轰炸机装备了 2 台 NK-25 涡扇发动机，单台最大推力为 142.1 千牛，加力推力为 245.0 千牛；四波系进气道位于机身两侧，有 1 个固定和 2 个可调的水平压缩斜面，进气口左右边后掠约 65 度，每侧进气道前段上表面有 12 个辅助进气门，满足了苏军所提出的主要参数要求；高空飞行速度达到 2.2 马赫，低空飞行速度达到 0.9 马赫，实用升限高达 1.8 万米，已经相当于同期超声速战斗机的水平，大大超出了西方同吨位轰炸机的参数。

图 -22M3M 战略轰炸机计划改用和图 -160M2 战略轰炸机一样的 NK-32-02 型涡喷发动机，总推力超过 500 千牛，具备低空高速突防能力，载弹量超过 24 吨，

可变后掠翼设计是图 -22M3 系列轰炸机外形最大的特色，这一设计比 B-1B 战略轰炸机和图 -160 战略轰炸机都要早。

图 -22M3 战略轰炸机加力准备起飞。

作战航程从图-22M3战略轰炸机的6800千米增加到8000千米以上，同时加装了发动机全权数字式控制系统，动力性能得到了进一步的提升。

“脱胎换骨”的航电

图-22M3M战略轰炸机对比过去图-22M3战略轰炸机最大的改进在于该机采用了新型的电子系统。俄罗斯传统上在电子领域比较落后，进入新时期后，俄罗斯空军面对联合作战的压力，必须要升级老旧轰炸机的电子系统。图-22M3M战略轰炸机更新了80%的电子系统，航电性能大大提高，甚至还加入了智能化设备。飞机上加装了SVP-24-22精确导航瞄准系统、HB-45雷达、新的数字式机载无线电电子设备和电子对抗设备、新型的导航、通信、瞄准设备和发动机的燃料自动控制设备，部分航电设备还可以和图-160战略轰炸机进行通用，以实现协同作战需要。图-22M3M战略轰炸机采用新的航电设备后，将可以使用俄罗斯新型的高超声速巡航导弹进行作战，本身这款轰炸机就是一架高空高速轰炸机，再加上射程超过1000千米的高超声速X32导弹，其综合打击威力将会更强大。

“伤疤”的机体

早期的图-22M战略轰炸机是具备空中加油能力的，然而目前图-22M3战略轰炸机的空中加油探管都从机体上拆了下去，留下了令人遗憾的“伤疤”。一直以来，是否采用空中加油技术是关于“逆火”式一个争议颇大的问题。由于受到美苏限制战略武器谈判的压力，几乎所有正式装备部队的“逆火”式都拆除了空中受油装置，不过苏联人从未放弃“逆火”式的

作为限制战略武器谈判的牺牲品，现役图 -22M3 系列轰炸机的空中加油探管都被从机体上拆了下去。

空中加油能力。

据一位曾在“逆火”式轰炸机基地服役过的士兵说，所有部署“逆火”式的苏军基地都配备了为“逆火”式专门设计的空中加油探管，一旦有任务需要，随时可在 1 小时内将其安装上去，从而使“逆火”式作战航程发生质的变化，成为战略武器。正是基于“逆火”式这一重要的技术特点，该机成为美苏冷战期间关于限制战略武器谈判的争论焦点。

主要性能及参数

图 -22M 系列轰炸机集中了战略轰炸机的超远航程与战术飞机的速度、机动性等特点于一身，是苏联最具威力的轰炸机型号，对冷战期间美苏战略力量平衡产生重大影响。

当前，俄罗斯空军总共服役有 160 架左右的图 -22M3 战略轰炸机，也是现在唯一一个有该机服役的国家，俄

图 -22M 战略轰炸机的主要性能参数谱系

俄罗斯
图 -22M 轰炸机（逆火）

飞机几何数据	机长：42.46 米
	机高：11.05 米
	翼展：34.28 米（全展开）23.30 米（全后掠）
	机翼面积：183.6 平方米
燃油及载荷	燃油重量：50000 千克
飞机重量	空机重：58000 千克
	正常起飞重量：112000 千克
	最大起飞重量：126000 千克

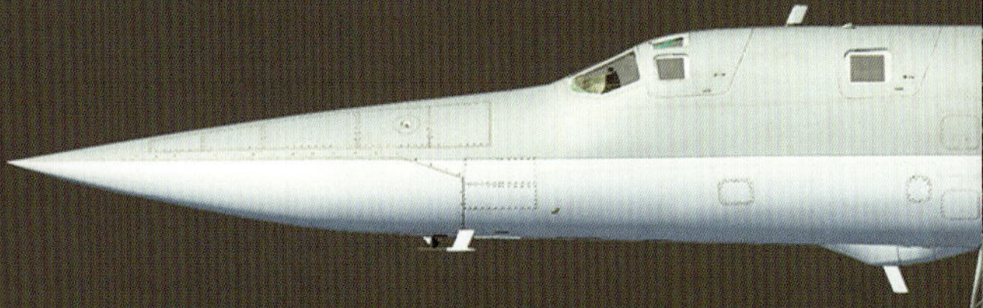

动力装置	发动机型号：	NK-25
	发动机数量：	2 台
	发动机类型：	加力涡扇发动机
	发动机加力推力：	2×245 千牛
	推重比：	0.4
	实用升限：	13300~18000 米
	航程：	实用 6800~7000 千米，最大 12000 千米
	作战半径：	2410 千米以上
飞机性能数据	最大平飞速度：	1.88~2.3 马赫
	巡航速度（高空）：	900 千米 / 小时
	实用升限：	13300~18000 米
	爬升率：	15 米 / 秒
	机翼载荷：	688 千克 / 平方米
其他	乘员：	3
	设计：	图波列夫设计局

作为一款专业的海上反舰作战平台，图 -22M3 战略轰炸机是美国海军航母舰队最忌惮的武器之一。

罗斯计划在 60 多架现役的图 -22M3“逆火”家族中，升级 30 架为图 -22M3M 型战略轰炸机。从外形来看，新型图 -22M3M 战略轰炸机与图 -22M3 战略轰炸机并没有什么差别，但事实上，该型机除了机体结构与外壳，基本上全部进行了重新设计与升级，图 -22M3 战略轰炸机超过 80% 的原有机载电子设备被拆除和更换。新型图 -22M3M 战略轰炸机的雷达、导航、电子战、机载通信等设备以及机载火控系统均采用了俄罗斯最新版本，部分型号与最新的图 -160M2 战略轰炸机保持一致。

图 -22M3M 战略轰炸机采用玻璃座舱，配备了全新的空中加油系统，更换了新型发动机，其作战半径、续航能力和加速能力都得到了进一步提升。全新的机载设备确保图 -22M3M 战略轰炸机可以使用俄罗斯目前现役或在研的所有新型远程巡航导弹、精确制导炸弹、高超声速反舰导弹以及核导弹，这令飞机的整体作战性能进一步提升，任务范围进一步扩大。

武器装备

图 -22M3M 战略轰炸机除了能兼容以往图 -22M3 战略轰炸机的武器弹药外，还可以携带俄军最新装备的 Kh-47M2“匕首”高超声速导弹，最远射程超过 2000 千米，采用常规弹头或核弹头，不仅能打击地面目标，也可攻击大型水面舰艇。在未来的作战中，这种末端速度达 10 马赫（12250 千米 / 小时）的导弹，将成为俄军空对地战役战术打击的主力。该导弹在攻击水面目标时的机动性能也非常强，还装有主动雷达导引头，在末段可主动跟踪目标，大幅度增加了命中率。图 -22M3M 战略轰炸机一旦与它整合，反航母效率将会直线上升。

另外，图 -22M3M 战略轰炸机还可携带新型 Kh-32 超声速反舰导弹进行反航母作战。这种导弹主要用来精确打击敌方航母编队中的大中型水面目标，兼具对地打击能力。Kh-32 超声速反舰导弹是苏联时期 Kh-22 导弹的改进型，它与以往的掠海型反舰巡航导弹不同，具备“高空高速”的特点。在发射后，Kh-32 超声速反

图 -22M3M 战略轰炸机挂载的 Kh-32 重型远程超声速空地 / 反舰导弹，是著名的 Kh-22 导弹的改进型，射程增至 1000 千米，抗干扰性能有较大提升。

舰导弹会迅速向高空飞行，并在大约 40 千米的高度以 4.4 倍声速高速飞行，然后俯冲攻击目标。此外，Kh-32 超声速反舰导弹除使用以往的惯性制导、地形匹配和卫星导航外，还可自主主动搜寻敌方目标从而提高打击精度。由此看来，Kh-32 超声速反舰导弹的抗拒止能力[㊀]非常强，加上“高空高速”的特性，使得它非常难以拦截。

由此可见，俄军对升级后图 -22M3M 战略轰炸机的定位是超声速远程战略轰炸机，主要打击目标仍然锁定美军航母战斗群，同时辅助执行近程对地打击或临空轰炸任务。或许未来，图 -22M3M 战略轰炸机将以其特有的俄式作战风格，给来犯之敌以雷霆打击。

俄罗斯苏 -34 战术轰炸机

简介

苏 -34“鸭嘴兽”战术轰炸机是俄罗斯苏霍伊设计局研制的一种战斗轰炸机，其设计要求是以苏 -27UB 教练机为蓝本，在不改变气动布局和结构设计的基础上，增加新式轰炸机的对地打击能力，同时保留原有空战能力。

1990 年，苏霍伊飞机设计局开始对改进型苏 -27 战斗机（即苏 -27UB）进行再改进，通过采用并列双座、改进机翼边条等措施，开发出苏 -27IB 战斗轰炸机。3 年后，俄空军将苏 -27IB 战斗轰炸机命名为苏 -34 战术轰炸机。

㊀ 即抗击拒止能力，可以理解为反拦截能力。——编者注

苏 -34“鸭嘴兽”战术轰炸机

结构组成和设计特点

苏 -34 战术轰炸机的重载荷能力和防护需求，对结构强度提出了更高的挑战，由于是以空中格斗为主要任务的战斗机作为基准进行改造，使得结构设计基本需要推翻重来。为了满足重载荷超低空飞行、12 吨大容量内部载油以及总重高达 1.4 吨的装甲设计要求，虽然苏 -34 战术轰炸机的总体气动布局基本延续了苏 -27 战斗机的方案，但其结构几乎是重新设计的，特别是轰炸机规格的宽扁形状并列双座前机身，更是全新的设计。

“会咬人”的鸭嘴兽

相比于母版苏 -27 战斗机，苏 -34 战术轰炸机最明显的改进之处是前机身变得平而宽。机鼻内安装了一种新的用于地形匹配和低空攻击的多制式相控阵雷达。机头改为扁平状，增大了机翼的前线翼根边条，从外形看上去是“鸭嘴形”，这种扁平的机头可以增加飞行时的纵向稳定性。因其貌似鸭嘴兽，故而北约也称

苏 -34 战术轰炸机

北约代号后卫，绰号鸭嘴兽，通称苏霍伊苏 -34，是苏联 / 俄罗斯一型高机动性、全天候、超声速、双发双座战术轰炸机。

苏 -34 战术轰炸机采用并列双座座舱，它良好的气密性保证乘员无须佩戴氧气面罩即可在约 10000 米高空正常飞行。它的座舱包裹了总重达 380 千克的钛合金装甲，厚度达 17 毫米，并配备了空调系统。

苏 -34 战术轰炸机集歼击机（战斗机）、轰炸机、强击机的功能于一身，模糊了战役轰炸机与战略轰炸机的界限，是真正意义上的空中打击多面手。

之为“鸭嘴兽”。

鸭嘴兽是澳大利亚独有的一种古老动物，穴居水边，以昆虫为食，谈不上有很强的攻击力和防御力。不过，美国和北约对苏 -34“鸭嘴兽”战术轰炸机却不那么放心，一直盯着它的发展进程。起初，有些美国专家对“鸭嘴兽”装备新一代雷达电子系统持怀疑态度，等到苏 -34 装备新型雷达电子系统的消息被证实，这款航程远、载弹量大、速度快、突防能力强的“鸭嘴兽”即将入役俄空军，忽然又担忧“鸭嘴兽”会咬人了。

“三头六臂”的鸭嘴兽

苏 -34 战术轰炸机集歼击机（战斗机）、轰炸机、强击机的功能于一身，被设计师称为空中打击系统，是真正意义上的空中打击多面手。苏 -34 战术轰炸机保持了苏霍伊战机机动性能优良的特长，可完成“眼镜蛇机动”的绝活。它采用了 AL-31FM1 涡扇发动机，加力推力达 132 千牛，推重比为 0.68。为满足长途奔袭的需要，苏 -34 战术轰炸机的座舱左前方设有空中加油探管，经一次空中加油航程可达 7000 千米，再加上巡航导弹的射程，苏 -34 战术轰炸机一跃成了一种令人生畏的远程导弹攻击平台。

就作战任务而言，苏 -34 战术轰炸机是真真正正模糊了战役轰炸机与战略轰炸机界限的飞机，凭借 12000 升到 15000 升的内部载油量，加上 9000 升的副油箱燃油，它的航程能达到 4000 多千米，理论上可以进行多次空中加油，曾有飞行员驾驶该机创造了滞空 8 小时的记录，强大的续航能力让它拥有了战略轰炸机的打击半径。

“耳聪目明”的鸭嘴兽

苏 -34 战术轰炸机配备了性能强大的航空电子设备，使飞机在任何环境下都能以很高的自动化程度执行作战任务。该机航电设备采用了既相互独立又融为一体的结构，软件和硬件双重备份，所有系统可以同

苏 -34 战术轰炸机座舱有 5 个多功能彩色显示器。

苏 -34 战术轰炸机宽大的机头为座舱环境的改善提供了充足的空间。

时工作，即使部分部件和系统出现故障，机组乘员仍可继续执行作战任务。

苏 -34 战术轰炸机最重要的航电系统为头部的 V004 雷达，它除了气象和导航功能外，还具有强大的搜索能力。V004 雷达为远程探测及跟踪地面和海面目标进行了优化，获得的目标坐标能输入到精确制导弹药的导引头中。苏 -34 战术轰炸机还配备了乌拉尔光学仪器厂制造的“普拉坦”电视 / 激光光电系统，以及红外前视系统观瞄吊舱，这些都使苏 -34 战术轰炸机具备了全天候作战能力。苏 -34 战术轰炸机尾部安装了一个后视雷达，当敌机或导弹接近机尾时会向飞行员发出告警信号，还能引导机载空空导弹实施向后攻击，这种功能全世界独一无二。此外，苏 -34 战术轰炸机还配备了具有地形跟踪 / 规避能力的新型多功能相控阵雷达，保证苏 -34 战术轰炸机在任何天气和昼夜条件下都能准确打击空中及地面的目标。

“低调奢华”的鸭嘴兽

苏 -34 战术轰炸机的机舱宽阔，飞行员可用多种姿势驾驶飞机，大大降低了飞行员的身体负荷。驾驶舱内氧气供应充足，压力波动小，飞行员可以像驾驶客机一样不戴氧气面罩，这给飞行员操作创造了更加便利的条件，也不易疲劳。

得益于人性化的设计改进，苏 -34 战术轰炸机机组乘员的操作负担大大减轻，这在以前是不可想象的。在长时间飞行中，机组乘员可在两个座椅之间的折叠床上轮流休息，或在座椅后方的空间里完全站直身体。此外，为了使长途飞行更加舒适，座舱还备有一个生物降解厕所和一个小型厨房，厨房配有微波炉用于加热食物，还有几个保温桶用于储存给养和水。对于战术轰炸机的配置来说，这对飞行员来说实在是惬意无比。

苏 -34 战术轰炸机的主要性能参数谱系

俄罗斯
苏 -34 战术轰炸机（鸭嘴兽）

飞机几何数据	机长：	23.34 米
	机高：	6.09 米
	翼展：	14.7 米
	机翼面积（总）：	62.0 平方米
动力装置	发动机型号：	AL-31FM1
	发动机数量：	2 台
	发动机类型：	加力涡扇发动机
	发动机加力推力：	2 × 132 千牛
飞机重量	空机重：	22500 千克
	总重量：	39000 千克
	最大起飞重量：	45100 千克
燃油及载荷	燃油容量：	12000~15000 升
	载弹量：	8000 千克

飞机性能数据	最大速度：	2200 千米 / 小时（高空）
	最大速度：	1400 千米 / 小时（低空）
	巡航速度：	1300 千米 / 小时
	作战范围：	1100 千米（标准武器负荷 8000 千克） 1000 千米（最大武器负荷 12000 千克）
	航程：	4000 千米
	实用升限：	17000 米
	推重比：	0.6
	外挂点：	12 个

其他	首飞时间：	1990 年 4 月 13 日
	设计：	苏霍伊设计局
	生产：	新西伯利亚飞机制造厂（NAPO）
	产量：	127 架（7 架试验机及 120 架量产机）
	主要用户：	俄罗斯空军

主要性能及参数

在苏-34战术轰炸机的作战任务中，除了接替苏-24前线轰炸机外，还要接手图-22M3战略轰炸机的部分作战任务，这说明苏-34战术轰炸机是一款地地道道的轰炸机，属于专业的中型战术轰炸机，而非苏-25那样单纯的攻击机，更不是像苏-30、F-15E等由战斗机改型的具备攻击能力的多用途战斗轰炸机。

就其作战特点而言，苏-34战术轰炸机因为配有先进的飞行控制系统和机载计算机，其飞行员和武器操作员可以一边在敌方火力下进行规避机动，一边实施精确轰炸。苏-34战术轰炸机除了具有优秀的气动特性、强劲的涡扇发动机、大容量的整体油箱，还备有空中加油系统和舒适完备的座舱，因而可以进行长达数小时的不间断飞行，与此同时，机组乘员的操作能力不会出现大幅下降。

此外，苏-34战术轰炸机还继承了苏-27系列飞机的基本飞行性能和空战机动性，具有很强的自卫及规避能力，虽然无法担当空战任务，但其他战斗机在面对苏-34战术轰炸机执行拦截任务时，难度和风险将大幅度提高，这减轻了为苏-34战术轰炸机的护航压力，并提高了其在高危险环境下执行电子对抗、战术侦察等任务的生存能力和使用灵活性。这使苏-34战术轰炸机无论作为轰炸机，还是作为由此衍生的电子战飞机、战术侦察机，都非常便于与战斗机共同部署及协调编组，简化了任务规划和指挥调度。

苏-34战术轰炸机不仅可以打击地面和海上目标，还可执行战术航空侦察任务，并具备一定的空战能力。图为俄罗斯空军苏-34战术轰炸机在俄罗斯茹科夫斯基机场国际航展上的飞行表演。

在叙利亚作战行动中，苏-34战术轰炸机充分展现其强悍的对地攻击能力。舒适的座舱和完善的仪表航电提供了优良的长时间驾驶操作条件，巨大的燃油容量保证了远程长航时作战能力，大载弹量（8吨载弹量，通过减油可达12吨）提供的火力强度和持续性使其成了名副其实的炸弹卡车，而高性能雷达与光电系统提供了高精度探测瞄准和非制导武器的精确投放能力，以上这些造就了苏-34战术轰炸机这一优良的重型远程察打一体空中作战平台。

苏-34战术轰炸机能以“多用途战斗机”的名义出口，降低了出口的限制门槛，使许多小国获得了装备轰炸机的机会。对于许多国家而言，即便不使用副油箱和空中加油，苏-34战术轰炸机的航程和载荷能力也完全达到了“战略级”轰炸机的标准。

武器装备

苏-34战术轰炸机的作战使命，包括远程奔袭攻击指挥中心、防空阵地、军舰等重要目标，还要在山区、城市、丘陵等复杂地形环境中，快速搜寻识别并精确瞄准攻击大量突发性零星目标，如坦克、自行火炮分队、

苏 -34 战术轰炸机共有 12 个外挂点，其中发动机舱之间串列 2 个（重型武器挂点），每台发动机舱下方各 1 个，每侧翼下 3 个，两翼翼尖各 1 个。

机动式导弹发射车、武装皮卡、小股武装部队、临时火力点等，以及数量众多的普通低价值目标，如兵营、战壕阵地、军需仓库等。在执行任务时苏 -34 战术轰炸机还需要具备抵御突发性攻击的能力，如防空高炮、便携式防空导弹、机动式近程防空导弹系统等，这些是在对阿富汗战争的作战经验中分析得出的作战需求，非常适合当前最常见的低烈度冲突、城镇突击、反恐作战等战争模式。

苏-34战术轰炸机拥有威力强大、种类繁多的武器系统。其固定武装为1门30毫米口径GSh-301型机炮，射速为1800发/分钟，备弹180发。苏-34战术轰炸机的外挂点高达12个，可外挂空空导弹、空地导弹、制导炸弹和反人员杀伤弹在内的多种武器。其中包括100千克、250千克两种炸弹，SL25激光制导火箭和集束炸弹，还有远程防区外发射的导弹。苏-34战术轰炸机除了可以携带空地导弹之外，还可以在翼尖上携带2枚AA-11“射手”空空导弹。

苏 -34 战术轰炸机的总设计师马尔齐洛索夫强调称，该机“可使用 16 种精确制导武器和 19 种非制导武器”，弹药种类之丰富远超任何外国机型。值得一提的是，虽然苏 -34 战术轰炸机的外挂重量与俄军现役主力战术轰炸机苏 -24 相同，但最大航程是后者的 2 倍，且可同时攻击 4 个目标。

对空作战中，苏 -34 战术轰炸机可发射近、中距空空导弹，拦截敌方巡航导弹及飞机，其 R-77 空空导弹是俄第一种具有发射后不用管和多目标攻击能力的中距空空导弹。苏 -34 战术轰炸机还可携带最先进的空射巡航导弹，对数千千米之外的敌方目标实施精准打击，正是因为这种能力，苏 -34 战术轰炸机也被视为一种战略打击平台。

美国 A-10 战术轰炸机㊀

简介

A-10 战术轰炸机是美军现役的主力战术轰炸机，“雷电 II”和“疣猪”的绰号使它位居世界同类飞机前列。该机火力强、命中精度高，能有效攻击敌方坦克、装甲目标和重要火力点，因此成为美国空军现役唯一一种对地实施近距离火力支援的专用机种。

㊀ A-10 通常被称为攻击机。由于科技的发展造成的各机种界限的模糊，而且攻击机的任务形态与战术轰炸机很接近，本书将 A-10 称为战术轰炸机。——编者注

A-10 战术轰炸机
绰号“雷电 II”，常被美军昵称为“疣猪”，通称费尔柴尔德A-10“雷电 II”战术轰炸机。

DM
982

A-10 战术轰炸机是美国空军现役唯一一种对地实施近距离火力支援的专用轰炸机。

A-10 战术轰炸机是美国在越战期间研制的一种旨在攻击地面坦克装甲车辆、掩体等硬目标的飞机。A-10 战术轰炸机采用外置式发动机，外形怪异，在机头安装有一门 30 毫米口径 7 管转膛航炮，可对地面目标进行密集和猛烈的打击。A-10 于 1975 年开始交付，1984 年停产，总共生产了 713 架。

A-10 战术轰炸机作为美国研制开发的对地支援飞机，在技术上是比较成功的，它为美国军队空地一体化作战提供了一种较好的装备选择。

结构组成和设计特点

“丑陋的疣猪”——飞机不可貌相

A-10 战术轰炸机长 16.3 米，高 4.5 米，翼展 17.5 米，机身短粗，机翼平直，机身上方靠近机尾处装有两台涡扇发动机。乍一看去，A-10 外形粗壮，显得落后、笨拙，甚至丑陋，仿佛将战机外形拖回了二战时代。但 A-10 战术轰炸机的攻击能力相当强悍，很快便被作战人员赋予了“疣猪”（一种凶悍的非洲野猪）的绰号。除了其貌不扬，A-10 战术轰炸机的各种参数也相当一般，如最大时速为 833 千米，与螺旋桨飞机处于同一档次，在当代战机中不值一提。但 A-10 战术轰炸机的取胜之道并不是炫目的参数，而是其低廉的价格、可靠稳定的性能、较强的战场生存能力和出色的对地攻击能力。

丑陋而凶悍——不可貌相的“疣猪”。

“火力全开”的 A-10 战术轰炸机。

“奇怪的大眼睛”——尾置式发动机

A-10 战术轰炸机所使用的涡扇发动机是涵道比高达 6:1 的 TF34-GE-100，发动机采用机尾上置式设计，看上去像一对“瞪大的眼睛”，这一看似怪异的设计却蕴含了很多现实考量。首先，这一设计将机翼下方的位置空了出来，全部用来挂载武器，发动机安装于主翼后上方、尾翼组件前上方，让主翼和尾翼对发动机形成了一定保护，使其不易被地面炮火击中。其次，两个发动机间距较大，同时中弹的概率很低，产生的废气通过尾翼间排出，遮盖了部分废气的红外线特征，使红外线导引的便携防空导弹较难锁定。此外，发动机离地面较远，也让 A-10 战术轰炸机能够在恶劣环境中操作，在简易跑道起降时，沙石不会卷入发动机中，降低了对前线机场条件的要求；在地面维护时，位置较高也让发动机可以安全地保持在运转状态，省却重新启动的时间；把较低的位置让给机翼，为机翼的维护及武器的挂置也带来了方便。

“皮糙肉厚”——不俗的防护能力

A-10 战术轰炸机对地近距离攻击时，极易遭到敌方火力的毁伤，因此它在防御方面也是下足了功夫。该机机体坚固，飞行员座舱周围装有 12.7~38 毫米厚的钛合金装甲板，内侧配有防弹纤维，机腹、风扇机匣、主飞行控制设备等主要部位也设置了保护装甲，全机装甲总重超过 0.5 吨，可承受穿甲弹或 23 毫米炮弹的直接攻击。

油箱内外覆有化学防火阻燃剂，周围的泡棉中弹后会自动封闭，防止燃油外漏；输油管路仅有其仪表部分暴露在外部，减小被打击概率；其携带的空空导弹也可以在一定程度上提升自身防御能力。即便遭到打击，A-10 战术轰炸机设有两套液压控制系统和一套机械控制系统，足以使飞行员用基本飞行功能完成返航，而且该机在失去一个发动机、一只尾翼的情况下仍能飞行。正是这些细致而有效的元素，使得 A-10 战术轰炸机具有较高的战场生存率，在作战中经常身负重伤还得以安然归来。

A-10 战术轰炸机的发动机采用机尾上置式设计，看上去像一对“瞪大的眼睛”，这一看似怪异的设计却十分巧妙实用。

A-10 战术轰炸机的钛合金装甲座椅。

主要性能及参数

20 世纪 80 年代末期，随着华约的没落和新型武装直升机的服役，美国认为 A-10 战术轰炸机的服役期该结束了，但 1991 年海湾战争的爆发挽救了 A-10 战术轰炸机被淘汰的命运。由于伊拉克军队拥有大量的坦克和装甲车辆，A-10 战术轰炸机再次披挂上阵，使用 30 毫米贫铀穿甲弹对伊军坦克进行了大规模的攻击。至战争结束，A-10 战术轰炸机总共击毁了 1000 多辆坦克和装甲车辆。再加上 A-10 战术轰炸机性能可靠、坚固耐用、造价低廉、维护成本低，它的影响力在某一时期甚至超过了 AH-64 阿帕奇武装直升机。

与一些看似先进的作战飞机不同，A-10 战术轰炸机以其良好的平台特性，在服役期间用事实证明了自身的价值。在“战术轰炸机已走入穷途末路”的舆论声中，A-10 战术轰炸机坚强地走了过来。A-10 战术轰炸机既不能快速飞行，又不先进，甚至显得笨拙，但在多用途战斗机大行其道的时候，其作用丝毫没有受到影响，反倒越来越优秀，再次证明了“不要最先进、只要最合适”的武器平台思想是设计武器装备必须贯彻的指导原则。

A-10 战术轰炸机的设计非常适合低空作战，该型飞机所采用的中等厚度平直下单翼、尾吊双发、双垂

海湾战争和伊拉克战争巩固了 A-10 战术轰炸机在对地火力支援中无法被撼动的独特地位。

精确制导武器的出现并没有使 A-10 被淘汰，反而使其如虎添翼。

尾的常规布局，是决定其成为优秀武器平台的关键。这种设计不仅便于安排翼下挂架，且有利于长长的平尾与两个垂直尾翼遮蔽发动机排出的火焰与气流，有效抑制红外制导地空导弹的攻击。

虽然 A-10 战术轰炸机不是一款典型的战斗机，但它的性能符合顶尖飞机的很多标准：它拥有优异的低空、低速操控性能，许多重要组件（如发动机、副翼、主起降架等）都可以左右调换使用，转换方法也很简单；它能在夜视仪的协助下顺利完成夜间任务；为了保证安全性，除了液压操控系统外，A-10 战术轰炸机还拥有手控系统以备不时之需。

在新一代精确制导武器普遍被战斗机用来实施精确打击的时候，精确制导武器不但没有像人们普遍预期的那样与载机结合后终结 A-10 这类“落后”的战术轰炸机，反而成了 A-10 战术轰炸机又一个有效武器，使其如虎添翼。价格高昂的阿帕奇武装直升机在伊拉克的非对称作战中，不但无法取代 A-10 战术轰炸机，反而成为反美武装的靶子，不能不引起人们的深思。

武器装备

A-10 战术轰炸机的武器装备具有极强的实用性。其最大起飞重量为 22.68 吨，载弹量就达到 7.25 吨，将近总重的 1/3，可以用“不相称”来形容。该机共有 11 个武器挂点，可挂载多种炸弹、导弹、火箭吊舱等。机首装有 GAU-8/A“复仇者”式 7 管航炮，主要使用专打装甲的穿甲燃烧弹和能击穿较厚装甲目标的贫铀弹，是战机历史上最为强劲的机炮，具有强大的攻击能力。

虽然 A-10 战术轰炸机的机翼可以挂载大重量武器，但它的主力武器还是 GAU-8“复仇者”式 30 毫米口径 7 管加特林机炮，这种机炮主要使用的贫铀弹密度比钢要大很多，穿透能力极强，被称为“坦克开罐器”。

A-10 战术轰炸机机炮的理论射速为每分钟 3900 发，即每秒 65 发。但在实际操作中，机炮的后坐力会非常大（相当于一个发动机的推力），持续 7 秒的射击后，飞机的速度就会减慢，会因失速而脱离航线。A-10 战术轰炸机可以装载 1100 发炮弹，但在每次执行任务时，

GAU-8“复仇者”式 30 毫米口径 7 管加特林机炮特写，传说中的“坦克开罐器”。

A-10 战术轰炸机的主要性能参数谱系

美国
A-10 战术轰炸机（雷电 II）

飞机几何数据	机长：16.3 米
	机高：4.5 米
	翼展：17.5 米
	机翼面积：47 平方米
飞机重量	空机重：11321 千克
	正常起飞重量：13782 千克
	起飞重量（CAS）任务：21361 千克
	起飞重量（反装甲）：19083 千克
	最大起飞重量：22680 千克

动力装置	发动机型号：TF34-GE-100
	发动机数量：2 台
	发动机类型：涡扇发动机
	发动机推力（单台）：40.32 千牛
	发动机长度：2.616~3.696 米
	发动机直径：1.118~1.346 米
	发动机重量：758~1676 千克
	涡轮：4 级低压，2 级高压
	压缩机：单级风扇，14 级高压轴流压缩机
	燃烧室：环形
	发动机生产公司：通用电气

飞机性能数据	最大速度：	833 千米 / 小时
	巡航速度：	560 千米 / 小时
	失速速度：	220 千米 / 小时
	实用升限：	13700 米
	作战半径（近距空中支援任务）：	460 千米（包括 1.88 小时在 1500 米高度巡逻，10 分钟的战斗时间）
	作战半径（反装甲任务）：	467 千米（75 千米海平面突防和撤离，30 分钟的战斗时间）
	爬升率：	30 米 / 秒
	机翼载荷：	482 千克 / 平方米
	推重比：	0.38
其他	主要使用国：	美国
	主要制造商：	费尔柴尔德
	状态：	服役中
	生产数量：	713 架
	单价：	1170 万美元

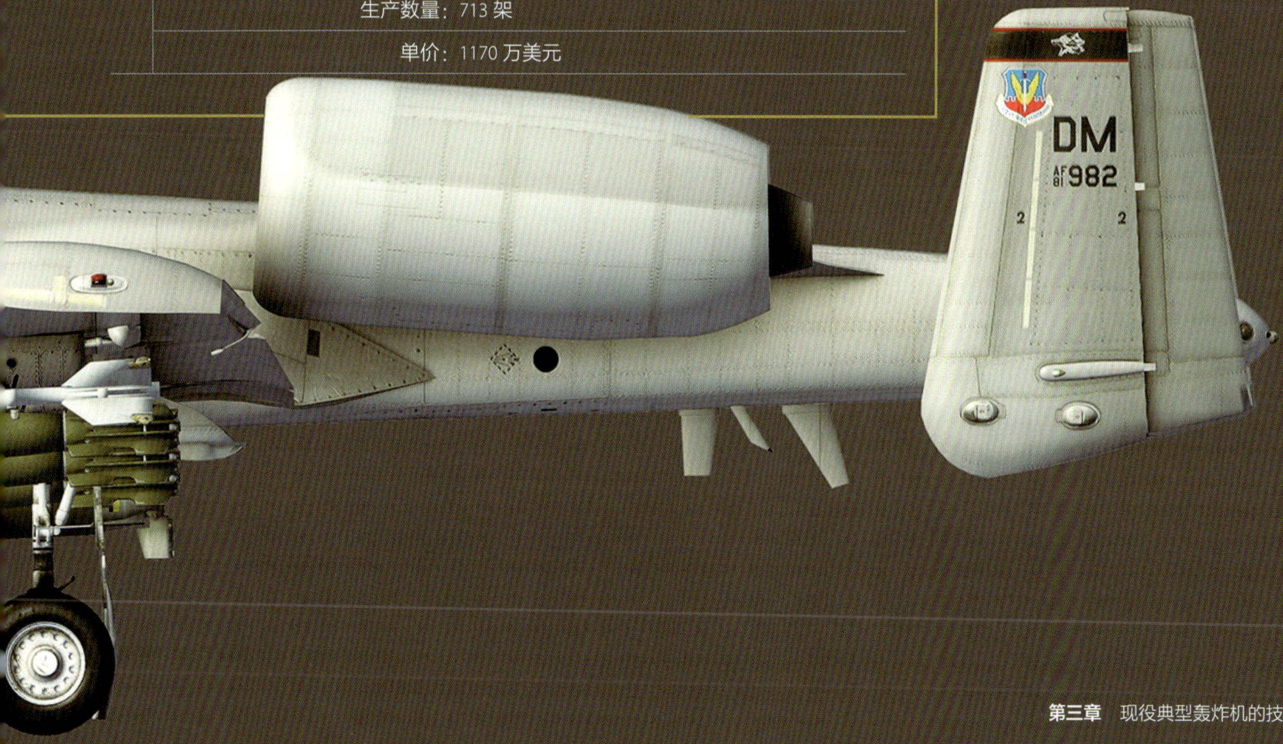

比一辆甲壳虫小轿车还大的 GAU-8 型机炮。A10 战术轰炸机是围绕这门炮设计或者说 A10 战术轰炸机就是“一门会飞的 GAU-8 型机炮”的说法一点也不为过。

A-10 战术轰炸机的最大起飞重量为 22.68 吨，载弹量就达到 7.25 吨，将近总重的 1/3，可以用“不相称”来形容。该机共有 11 个武器挂点可挂载多种炸弹、导弹、火箭吊舱等。

它只能连续射击 17 秒。战斗状态下，一次连发射击中，A-10 战术轰炸机可以交替发射两种炮弹：每四发 PGC-14B 穿甲燃烧弹搭配一发 PGU-13/B 高爆燃烧弹。目前任何战车的装甲都无法抵御它，也正是出于这个原因，美国一直独自使用 A-10 战术轰炸机，没有出售给任何国家。

第一次海湾战争期间，A-10 战术轰炸机共执行 8100 次任务，命中率达到惊人的 95.7%，它令人生畏的“坦克杀手”的能力得到充分证明。A-10 战术轰炸机主要执行反装备的作战任务，在仅仅几周时间内就摧毁了 1000 辆坦克、2000 部车辆和 1200 门大炮。科索沃战争和阿富汗战争期间，A-10 战术轰炸机没有频繁出动，而是根据要摧毁目标数量，“精打细算”地安排战机出动。第二次海湾战争中，美国共出动了 60 架 A-10 战术轰炸机，但其发射弹药数量是所有其他空中武器的 20 倍！地面部队都愿意选择 A-10 战术轰炸机作为空中支援力量，在 80% 的情况下，它比攻击直升机和其他战斗轰炸机更具有优越性。

随着美国的战略变化，常态化战争越来越少，军机发展重点为满足空军、海军的需求，淘汰 A-10 战术轰炸机的声音此起彼伏。不对称战争中近距离对地支援并不是现代战争中的常规现象，因此，A-10 战术轰炸机并没有发展后继机型。

俄罗斯苏 -25 战术轰炸机㊀

简介

二战以后，苏联也和美国一样更热衷于高速战斗机和远程战略轰炸机的研制，几乎 20 年没有发展对地战术轰炸机。但得知美军在发展 A-10 战术轰炸机后，

㊀ 苏 -25 通常被称为攻击机。由于攻击机的任务形态与战术轰炸机很接近，本书将苏 -25 称为战术轰炸机。——编者注

苏 -25 战术轰炸机由于其物美价廉、简单实用的特性颇受小国欢迎，图为保加利亚空军苏 -25 战术轰炸机在演习中起飞。

苏联后发制人的思路再度冒出，决定发展一种类似的新型战术轰炸机，即苏 -25“蛙足”战术轰炸机。

1972 年 5 月 10 日，美国 A-10 战术轰炸机首飞成功，这使得苏联的苏霍伊设计局不得不加快对苏 -25“蛙足”战术轰炸机的研发。1975 年 2 月 22 日，苏 -25 战术轰炸机完成首飞，1978 年开始批量生产。

1977 年，西方国家的情报人员首次在拉明斯基试飞中心发现了“蛙足”，并临时给予了其美式编号“拉姆 -J”。其原型机于 1975 年首飞，而苏 -25K 型单座近距支援战机于 1978 年开始生产。在苏 -25K 型机上，装备了塞丽娜 -3 型雷达预警系统，并在尾锥安装了金属箔丝 / 诱骗闪光施放装置，从后方保护飞机。机首安装的激光测距仪和示踪寻迹装置据称能将距离目标 20 千米外发射导弹的打击精度控制在 5 米以内。一支试验部队最早于 1980 年被派往阿富汗，不久后，一个满编的苏 -25 飞行中队也被部署到这个多山的国家，支援苏军作战。该飞行中队与米 -24“雌鹿”武装直升机并肩作战。1984 年，该型机完全形成了战斗力。

结构组成和设计特点

“战场小强”——卓越的生存能力

为了提升战场生存能力，苏 -25 战术轰炸机在设计上动了很多脑筋。为了最大的可靠性和简单性，苏 -25 战术轰炸机采用了机械操纵，飞行特性也因此十分平和，很好飞。钛合金的机械连杆粗达 40 毫米，可以抵

苏 -25 战术轰炸机

北约代号“蛙足”，是 20 世纪 60 年代末期苏联苏霍伊设计局研制的一种高亚声速近距离空中支援战术轰炸机。

为了最大限度减小飞行员上身的暴露，苏 -25 战术轰炸机的座舱相对狭窄，飞行员“窝”在里面，只有肩膀以上露出来。座舱盖顶和两侧增加反光镜，帮助增加视野。

御 12.7 毫米高射机枪子弹的直接命中。横滚和偏航控制是单连杆，俯仰控制是双连杆，进一步加强生存力，至少使飞机在超低空情况下被严重损坏必须跳伞时，飞行员有机会拉起，然后跳伞。

飞行员座舱底部和四周配有 24 毫米的钛合金防弹板，可承受 50 发 30 毫米炮弹直射而不被击穿。挡风玻璃当然也是防弹设计，发动机有 8 毫米厚的装甲保护，飞行员脑后的头靠和整个靠背也有很厚的钢板，保护飞行员免受从后面过来的射击。为了最大限度减小飞行员上身的暴露，飞行员“窝”在座舱里，只有肩膀以上露出来。座舱盖顶和两侧增加反光镜，帮助增加视野。燃油管线不光有装甲防护，还精心走线，中弹后减少燃油溅洒在炽热发动机上引起火灾的危险。油箱中有吸震防火的树脂泡沫，即使被击中也不会起火爆炸。战场实践显示，一般的高射机枪对苏 -25 战术轰炸机的重要部分毫无办法，而其他部位即使打得弹孔遍布，飞机也经常能安然返航。

“坚实耐用”的发动机

苏 -25 战术轰炸机动力采用的是 2 台图曼斯基设计局的 R-195 无加力涡轮喷气（涡喷）发动机，单台最大推力 44.18 千牛，两台发动机间装有 5 毫米厚的防弹钢板。发动机短舱位于后机身两侧，进气道较长。这是一种可在恶劣气候下保持输出推力的发动机，由于发动机推力大，苏 -25 战术轰炸机的推重比比 A-10 战术轰炸机高一些（苏 -25 为 0.47，A-10 为 0.38），机动性也好一些。

发动机喷管经过特别设计，可以降低其废气的温

俄格战争中被便携式防空导弹击中发动机的苏 -25 战术轰炸机。该机在设计上充分考虑了易损性，因此可以如图一样，被击中右侧发动机后仍能返回基地。

度，减少被红外线制导武器追踪的概率。但 R-195 也有着和其他苏制发动机相同的缺点——耗油量大，而且平均使用寿命比美国的发动机要少，只有 550 个飞行小时。在座舱与机翼前梁之间、机翼后梁到垂尾前缘之间是机身油箱，机翼的中段也有油箱，总载油量 5600 升，内侧翼下挂架可各携带一个 850 升的副油箱。

“自带百宝箱”——维修吊舱

苏 -25 战术轰炸机一个很特别的设计是从翼下副油箱发展过来的“维修吊舱”，用于野战机场简易跑道上的自我技术支援，堪称苏 -25 战术轰炸机在野战情况下的“百宝箱”。吊舱有四种类型：第一种内装发电机、空气压缩机和维修工具，用于野外抢修；第二种内装输油泵和软油箱，可以用作野外加油站；第三种内装测试设备，用于维修电子系统；第四种甚至可以在里面装一个地勤人员，尽管在里面不大舒服。挂载这样的吊舱后，苏 -25 战术轰炸机可以自带必要的地勤装备或人员，自主部署到前线条件简陋的机场跑道。

相对于其他飞机必须返场检修，维持苏 -25 战术轰炸机正常飞行所需的工具可以装在4个吊舱内随机携带，飞机出现问题时随时检修，这大大提高了它的战备完好性。而且该机发动机可以使用各种燃油，甚至在应急情况下能够使用车用柴油等燃料，在战时更容易找到燃料来源，这种情况虽然大大损伤了发动机寿命，却使苏 -25 战术轰炸机在紧急状态下具有超强的复杂环境适应性。

维修吊舱使飞机出现问题时可以随时检修，这大大提高了它的战备完好性。

“拖后腿”的航电

苏 -25 战术轰炸机的机载电子系统相对简单，机头风挡下面装有激光测距器及目标标识器，风挡前面及尾翼下部有 SRO-2 敌我识别系统天线，“警笛”3 雷达告警系统的天线位于垂尾的上部。机头的顶部装有拍摄对地攻击效果的录像设备，座舱内安装自动驾驶仪和简单的导航系统。苏 -25 战术轰炸机没有用于夜战的红外线夜视系统，所以在恶劣天气或光线不好的条件下，其打击能力大减。在对地攻击时，只有靠飞行员的目视观察和经验发现并攻击目标，飞行员的经验对攻击的准确度有很大的影响。

鉴于此，苏 -25 战术轰炸机的最新改进型苏 -25SM3 战术轰炸机，增加了现代化光电瞄准装置，新型激光测距仪和目标指示器，特别是最新的光电瞄准系统，能够在昼夜和恶劣环境下工作，精准瞄准系统也进行了改进，在一定程度上弥补了航电方面的短板。

主要性能及参数

苏 -25 战术轰炸机是 20 世纪 60 年代末期苏联苏霍伊设计局研制的一种高亚声速近距离空中支援飞机。飞机结构简单，易于操作维护，适合在前线战场恶劣

苏-25 战术轰炸机的主要性能参数谱系

俄罗斯
苏-25 战术轰炸机

飞机几何数据	机长：15.53 米（包括鼻探针）
	机高：4.8 米
	翼展：14.36 米
	机翼面积：33.7 平方米
飞机重量	空机重：9800 千克
	正常起飞重量：14440 千克
	最大起飞重量：19300 千克
动力装置	发动机型号：R-195 无加力发动机
	发动机数量：2 台
	发动机类型：涡轮喷气发动机
	发动机推力（单台）：44.18 千牛

飞机性能数据	最大速度：975 千米 / 小时
	航程：1000 千米
	实用升限：7000 米
	爬升率：58 米 / 秒
其他	首飞：1975 年 2 月 22 日
	设计：苏霍伊设计局
	生产：第比利斯飞机制造厂
	产量：1000 架以上
	主要用户：苏联空军，俄罗斯空军，乌克兰空军，白俄罗斯空军，格鲁吉亚空军，朝鲜空军

的环境中进行对己方陆军的直接低空近距支援作战。

苏 -25 战术轰炸机的主要特点是：能在靠近前线的简易机场上起降，执行近距战斗支援任务；反坦克能力强，机翼下可挂载“旋风”反坦克导弹，射程 10 千米，可击穿 1000 毫米厚的装甲；低空机动性能好，可在载弹情况下，低空与米 -24 武装直升机协同，配合地面部队作战；防护力较强，座舱底部及周围有 24 毫米厚的钛合金防弹板。

据报道，俄罗斯国防部正在实施一项把苏 -25 战术轰炸机升级为苏 -25SM3 战术轰炸机的重大项目。自 2018 年以来，俄空军已经接收了 25 架苏 -25SM3 战术轰炸机，现役大部分苏-25 战术轰炸机都将被升级到这种“终极蛙足”标准。与苏 -25 战术轰炸机和苏 -25SM 战术轰炸机相比，苏 -25SM3 战术轰炸机最大的不同在于机鼻内部的 SOLT-25 现代化光电瞄准装置，该装置集成了 16 倍变焦电视摄像机、激光测距仪、目标指示器和热成像仪，能昼夜全天候锁定 8 千米之外的移动地面目标。

苏 -25 战术轰炸机可在相对简易的机场起降，大大提高了野战生存能力，图为苏 -25 战术轰炸机在浅水中缓慢着陆。

“终极蛙足”苏 -25SM3 战术轰炸机。

苏 -25SM3 战术轰炸机另一项重大改进就是提升自卫能力。2018 年 2 月苏 -25SM RF-95486 在叙利亚被便携式防空导弹击落，菲利波夫少校英勇战死的事件暴露了苏 -25 战术轰炸机在生存能力上的不足。因此苏 -25SM3 战术轰炸机增加了俄罗斯最先进的维捷布斯克 -25 自卫系统，由 Zakhvat 全向紫外导弹逼近告警传感器、L-150-16M“彩虹”雷达告警接收机、UV-26M 50 毫米干扰弹发射器、翼下挂载的两个 L-370-3S 雷达干扰吊舱组成，能有效对来袭红外和雷达制导地空、空空导弹实施预警和干扰，提高了该机在现代战场上的生存能力。

此外，苏 -25SM3 战术轰炸机在航电系统上也有重大升级，该机安装全新的 PrNK-25SM-1 瞄准和导航系统，以及带有 Banker-8-TM-1 天线的 KSS-25 通信系统。

武器装备

苏 -25 战术轰炸机装有 1 门 30 毫米口径 GSH-30-2 机炮，备弹 250 发，最高射速为每分钟 3000 发。两侧机翼有 8 个武器挂点，可携带空地导弹、反坦克导弹、空空导弹、火箭吊舱、激光制导炸弹等，载弹量约 4.4 吨。苏 -25 战术轰炸机的反坦克能力强，机翼下还可挂载“旋风”

苏 -25 战术轰炸机两侧机翼有 8 个武器挂点，可携带空地导弹、反坦克导弹、空空导弹、火箭吊舱、激光制导炸弹等。

反坦克导弹，射程 10 千米，可击穿 1000 毫米厚的装甲。

苏 -25 战术轰炸机由于其物美价廉、简单实用的特性颇受小国欢迎，并参加了安哥拉内战、卡拉巴赫冲突等多个局部战争，可谓身经百战的“空中老兵”。

在 1985 年两伊战争的僵持阶段，伊拉克决定寻找一种能直接加速地面战斗进程的新型战术轰炸机，于是找到了苏 -25 战术轰炸机，在 1986 年和 1987 年先后订购了装备 2 个航空团的飞机。苏 -25 战术轰炸机成为战争中后期伊拉克空军对地进攻的主力。

除伊拉克外，苏 -25 战术轰炸机还服役于保加利亚、安哥拉、伊朗、埃塞俄比亚等 20 余个国家，先后衍生出了双座教练型、教练战斗型、反坦克型等多种不同改型，产量超过 1000 架，可谓“人丁兴旺”，家族庞大，直到 21 世纪还在升级改进中。

苏 -25 战术轰炸机是近半个世纪唯一一款可以与 A-10 战术轰炸机对抗的王牌对地战术轰炸机。苏联解体后，苏 -25 战术轰炸机与苏 -27、米格 -29 等战斗机作为主力机型得以保留，但现代局部战争环境决定了专用对地战术轰炸机不可避免地走向消亡的结局，因此苏 -25 战术轰炸机很可能与 A-10 战术轰炸机一起，成为对地战术轰炸机的绝唱。

“火力全开”的苏 -25 战术轰炸机。

第四章 CHAPTER 4

轰炸机在现代战争中的常用战术

作战行动中的单机基本战术

远程对舰打击战术

海上舰艇目标的特点

第一，海上舰艇的机动性强，准确位置难以掌握。现代战舰有较长的续航时间，一昼夜舰船位置变化可达几百海里（1 海里 =1.852 千米），目标的准确位置较难掌握。当遭到突击时，舰船可作速度和方向上的机动，进行规避。

即便是航空母舰这样的大型舰艇，也可以进行高速变向机动。

第二，大型战舰的结构坚固，生存力强。航空母舰、巡洋舰钢板较厚，并有多层装甲、水密隔舱，具有较强的抗炸能力和防火能力。

第三，海上舰艇一般有一定的防空能力。战斗舰船大多装备有防空导弹、多种口径高炮，并配有自动

以舰空导弹为代表的防空武器是轰炸机最大的威胁。

化射击、指挥系统。航空母舰、巡洋舰还配有舰载飞机、电子干扰设备等，有一定的远、近程和高、中、低空相结合的对空防御能力。由于海上舰船通常在编队内活动，因此，各舰的防空兵器可互相进行火力支援。其中航空母舰、巡洋舰位于编队的中心，受到多层防空火力的掩护，空中对其突击比较困难。

第四，海上舰艇后勤补给量大，可优先攻击其补给力量。海上舰艇编队的油料、物资、器材消耗量很大，越是现代化的舰艇，需要的保障舰船越多。舰船离开基地越远，对海上运输的依赖性越大，在海上进行补给的时间越长。因此，对油船、运输船进行突击，可在一定程度上限制敌舰艇编队的战斗活动。

第五，海上舰艇目标的特征相对明显，易于发现和识别。例如，航空母舰的舰体庞大，舰面有宽广平坦的飞行甲板；巡洋舰的舰身细长，舰尾多呈方形或

椭圆形，舰面设备比较分散且低矮；登陆舰的舰首较尖，舰尾呈长方形，舰桥等主要建筑物多集中配置在后甲板上等。良好天气时，在中、高空目视观察海上舰船，昼间、夜间分别在不同的距离上可以发现。如使用机载雷达，发现舰艇编队的距离更远，雷达发现距离可达数百千米。

远程对舰打击的组织实施

远程打击海上舰艇目标最理想的方式便是轰炸机和空舰导弹的组合。使用空舰导弹，一是命中精度高，二是攻击距离远，使用少量兵力即可达成预期的作战目的。

使用空舰导弹与使用普通航弹轰炸有较大的差别。空舰导弹从载机上发射后，导弹可以在其制导系统控制下飞向目标、攻击目标，不需要确定准确的发射位置。但发射导弹的条件必须符合其性能要求，为了提高攻击的准确性，通常应选择恰当的攻击方向、发射距离和发射高度。

● 攻击方向的选择

从导弹命中概率较高的方向进入。导弹的类型不同，其命中概率受进入方向影响程度也不同。

从导弹自导引头便于捕捉选定目标的方向进入。选择进入方向应避开对捕捉选定目标有影响的方向，给导弹自导引装置捕捉选定目标提供良好基础。对处于编队不同位置的选定目标攻击时，通常应从垂直于目标并与邻舰间距较大的方向进入。当目标区域有己方舰艇时，应根据导弹自导引装置的性能，选择避开己方舰船的方向进入。

远程打击海上舰艇目标最理想的方式便是轰炸机和空舰导弹的组合。

从敌对空防御比较薄弱的方向进入。敌对空防御比较薄弱的方向是指敌舰空导弹的发射死角，被电子设备压制或距敌警戒舰艇较远的方向。当战区有岛岸时，通常应从岛岸方向进入，以岛岸为背景隐蔽己方轰炸机的行动，减弱敌防空兵器的抗击。

● 发射距离的选择

空舰导弹的发射点，应选择在导弹的有效射程范围之内。如果发射点距离目标过远，超出了导弹射程范围，导弹就不能命中目标；如果发射距离过近，就失去了导弹射程远的优点，还会因导弹来不及进行机动跟踪而影响其准确性。因此，发射距离要大于导弹的最小射程且小于导弹的最大有效射程。在此前提下，再考虑导弹的其他性能及敌防空情况等因素，选择有利于突防和提高导弹命中率的发射距离。

● 发射高度的选择

选择发射高度的基本要求是必须符合所使用导弹的高度性能，在导弹允许的高度范围内发射导弹。对于发射后立即转入超低空飞行的导弹，一定要注意发射高度与发射距离的协调一致性，否则就可能使目标

F/A-18E/F 超级大黄蜂战斗机上挂载的远程反舰导弹。

图 -22M 战略轰炸机发射空舰导弹。

处在导弹发射死角内，而导致导弹攻击失效。

使用空舰导弹实施打击的主要优点：

第一，命中精度高。由于空舰导弹采用先进的多种制导方式，使导弹能够按预定轨迹，修正各种偏差，准确地飞向目标。它的自导引装置能够搜索、发现、捕捉并引导导弹攻击目标，因此，空舰导弹命中目标的概率较高。使用空舰导弹实施打击，不必精确瞄准，只要将飞机概略对正目标即可发射。

第二，射程远。目前大多数空舰导弹的射程均已大幅提升，这使轰炸机可以不进入敌防空火力范围，实施防区外发射，突然性好，突防能力强。

使用空舰导弹实施打击时应注意所用导弹的性能。当采用多方向进入、使用多枚导弹齐射时，相邻两机（主轴线）之间的夹角要大于30度，以免导弹间相互干扰；避免使用同型号导弹对头进入攻击；组织多批次攻击时，各批次之间要有适当的时间间隔。

远程对地打击战术

地面目标的特点

● 铁路桥梁目标的特点

第一，结构坚固，需大圆径航爆弹㊀才能摧毁。铁路桥梁的桥身高出地面，并多为钢架结构，可承受较强冲击波的压力。桥身跨度大，其抗炸力也大。桥墩由钢筋水泥和坚硬石块等筑成，基础深厚坚实。因此，破坏铁路桥梁，通常需一定威力航爆弹方能奏效。

第二，被弹面小，普通航弹不易命中。铁路桥为狭长目标，大跨度的单线、双线桥宽度不一，有的窄轨铁路桥宽度仅 4 米左右。可攻击被弹面主要是折面，因此，使用普通航弹轰炸桥梁，需要出动较多的兵力。

第三，特征明显，发现目标比较容易。铁路桥借

㊀ 航弹的重量级别用“圆径”表示，它代表航弹威力。航爆弹指航空爆破炸弹。 ——编者注

铁路桥梁的被弹面较小，对精确打击提出了较高要求。

助江河，山谷和铁路线的衬托，具有明显的特征和较强的电磁波反射能力。大、中型铁路桥，目视或利用机载雷达都能在较远距离发现。

● 机场目标的特点

机场是航空兵赖以进行训练和作战的基地，是固定翼飞机进行战斗活动的基地和依托，是重要的军事目标。突击机场、将敌飞机摧毁或封锁于地面，是夺取空中优势的一种基本手段和有效方法。机场按规模、设施的完备情况及其作用，可分为永备机场、野战机场和公路跑道。机场目标的主要特点有：

第一，目标明显，便于发现。机场是一个目标群，主要是由跑道、滑行道、停机坪、机库等组成，并有油库、弹药库、指挥所和人员住地等设施与建筑。目标面积大，特征明显，不易伪装，容易被发现。

第二，对空防御严密。机场通常位于重要城镇、交通枢纽附近，距离前沿较远，大多置于严密的区域防空掩护之下，机场本身也部署有防空兵器。因此，对机场实施突击成功与否，在很大程度上取决于突防的成效。

机场跑道目标明显，是轰炸机部队对敌机场进行战斗活动时应突击的首要目标，图为美国安德森空军基地机场。

第三，生存能力较强。现代机场有较强的生存能力。水泥道面遭到突击后，用现代化的抢修方法可以较快恢复使用，且现代作战飞机有的能进行垂直起降或短距离起降。因此，只有当机场受到严重破坏时，才能彻底阻止对方航空兵的战斗活动。现代军用机场为了提高生存能力，将部分重要的设施转入了地下（半地下）。如一些机场修建了飞机洞库、飞机掩蔽部、地下指挥所和地下油库、弹库等。有些地下设施甚至可以抵抗核袭击。

跑道是机场上最重要的建筑设施，破坏跑道能迅速有效地阻止敌机起飞，夺取局部空中优势，这可以将敌机封锁于地面，为进而打击敌飞机创造有利条件。因此，机场跑道是轰炸机部队对敌机场进行战斗活动时应突击的首要目标。

● 纵深地域目标的特点

纵深是对敌方战役作战的纵深及其以外广大地域的统称。突击敌方纵深地域的目标既是削弱敌战争潜力和持续作战能力的重要方法，又是陆空联合作战的重要任务。

纵深目标种类很多，按照不同的分类方法，可以划分为不同类型：如铁路枢纽、指挥通信机构、重兵集结地域和军事工业设施等。铁路枢纽指的是铁路运输网中几条铁路干线相互衔接和交叉的地点，在这些地方通常会修建一个联合车站或几个专业车站以及连接各车站的联络线、进站线等设施。指挥通信机构是指挥系统的重要组成部分，是实施指挥的具体组织工作部门，也是指挥系统中的枢纽部门。重兵集结地域是指执行一定的作战任务或在完成任务后，大量部队和众多技术兵器集结的地方。军事工业设施是直接为战争提供武器装备和其他重要物资的基地，它包括各种武器装备生产的工厂、车间等。

B-52 战略轰炸机携带多枚巡航导弹远程奔袭敌纵深地域目标。

纵深地域目标主要具有三大特点：

第一，目标的系统性强。纵深地域内的各种目标都分散在各个系统中，系统的结构、组成决定了各个部分的功能。目标的系统性主要表现在以下方面：子系统与系统之间、子系统内部各个部分之间的关系以及各个部分内部之间的关系。因此，不能孤立地分析和评价某个目标的军事价值，而是需要系统地、全面地进行分析，以便使用较少的兵力获取较大的战果。

第二，对空防御严密。纵深地域内的重要目标，不论是军工企业，还是交通枢纽，大多靠近城镇或交通要道，这些地方人口稠密、经济发达、地位重要，是国民经济和国防建设的重地，有的可能是某一地区的政治、文化中心。在这些地区一般都部署了一定数量的防空兵力，如铁路枢纽，一般有相当数量的高炮或导弹进行防空，加上毗邻城镇，还可得到区域防空或要地防空兵力的保护。

第三，远离战线。敌纵深地域目标，一般距我航空兵基地较远，轰炸机突击纵深地域目标在大多数情况下，必须远程奔袭，并需要携带巡航导弹或制导炸弹才能完成打击任务。

远程对地打击的组织实施

● 空地导弹的发射方式

空地导弹的发射方式一般分为前置法和现位法两种。前置法发射主要用于攻击移动目标。现位法发射主要用于攻击固定目标，由飞行人员用机载雷达测定目标的距离并对准目标，根据预定发射距离选择导弹的自控距离和自导距离，通过人工装定到控制机构，再由控制机构输给导弹，导弹离机后，直接飞向导弹发射时目标所在位置。

RBS-15 是萨博公司研发的远程空地 / 反舰导弹，可在 300 千米的范围内打击目标。

● 空地导弹的飞行控制

空地导弹的飞行控制由导弹导引和控制系统实施，不同类型的空地导弹在制导方法上有区别。导弹的控制方法主要有：自主式制导、遥控制导、自动导引制导和复合制导。自主式制导通常用于攻击固定的点状目标。遥控制导、自动导引和复合制导既可用于攻击固定目标，又可用于攻击活动目标。中、远程空地导弹大多采用复合制导的方法。在弹道初段，常用自主式制导或遥控制导，弹道中段和末段常用自动导引制导。

● 空地导弹的瞄准发射过程

空地导弹的瞄准发射过程随导弹战术技术性能特点不同而有所不同。整个过程如下：当飞机进入战区，于发射前一定时间，接通弹上电源，对导弹设备加温，并对导弹各系统作发射前检查（自动进行）；飞行人员利用机载雷达发现目标后，操纵飞机概略对准目标，保持飞机等速直线飞行，按下航向基准陀螺按钮，进行雷达自动跟踪；指挥仪根据机载雷达不断测量并输入的目标距离、方位角，航行姿态系统输入的飞机航向、地速、偏流角等数据，以及飞行人员根据发射距离所选择装定的自导距离，自动计算自控飞行时间和前置航向角，并输入导弹；完成发射准备，待允许发射指示灯亮后，即可发射导弹；发射后，飞机即可退出战区。导弹通过重力投放或弹射投放离机后，按指令起动发动机，同时导弹进行方向机动，对准目标前置点。导弹的下滑由程序信号控制，当下滑至一定高度时，接通无线电高度表，导弹由高度表和高度程序控制下滑至预定高度，保持等高度飞行。导弹经过预定的自控飞行时间后，启动末制导雷达并搜索捕捉目标。如果经过一个搜索周期未捕捉到目标，控制机构将自动进行全程搜索。当捕捉到目标后，导弹转入自导飞行并最终完成预定动作，攻击预定目标。

美国不断提升其防区外空地导弹远程打击能力。

● 发射空地导弹方向、高度和距离的选择

空地导弹从飞机上发射后，只要导弹性能允许，就可以在制导系统的控制下飞向目标。因此，使用空地导弹实施打击，通常不需要确定准确的发射点。但

为了便于制导，提高准确性和突防效率，应选择恰当的发射方向、发射距离和发射高度。

发射方向的选择：首先，应选择导弹命中概率较高的方向进入。目标的性质、被弹面大小以及导弹末制导的方法不同，其命中概率受进入方向影响的程度也不同。其次，应选择导弹自导头便于捕获选定目标的方向进入。再次，应选择敌对空防御比较薄弱的方向进入，如选择敌地空导弹的发射死角或敌雷达受干扰的方向进入。此外，选择可以利用的地形、地物隐蔽我机行动的方向进入，也可减少防空兵器对轰炸机的危害。

发射距离的选择：应与导弹的性能相适应，与发射的高度相协调。如果发射距离过远，超出导弹射程、导弹制导系统作用范围和机上设备的最大观测距离，导弹不能命中目标。如果发射距离过近，就失去了导弹射程远的优点，并且还会因导弹来不及进行机动而影响其准确性。此外，选择发射距离还需考虑敌人防空的情况。通常在空地导弹有效射程之内，应尽量选择在较远距离上发射。

发射高度的选择：应符合所使用导弹的性能，并与发射距离相协调。对发射后立即转入低空（超低空）飞行的导弹，还应考虑导弹的最低平飞高度，既要有利于突防，又要避免与障碍物相撞。

常规轰炸战术

轰炸机的常规轰炸方法主要有：中、高空轰炸；低空短航路轰炸；低空（超低空）跃升轰炸等。

中、高空轰炸

中、高空轰炸，指的是轰炸机在中、高空保持飞机水平飞行，经瞄准后投弹的轰炸方法。这是轰炸机问世以来最为传统的轰炸方法，也是轰炸机部队经常采用的常规轰炸手段。

轰炸机低空飞行时燃料消耗大，航程明显缩短，在作战使用上受到一定限制。因此，在对敌方有电子干扰压制的情况下，中、高空轰炸仍不失为一种有效的轰炸方式。美军 B-52 战略轰炸机在越南战争期间空袭河内地区（“后卫 II”战役），轰炸高度通常为 9500~11000 米。海湾战争期间，美军也多次使用 B-52 战略轰炸机在中、高空对伊拉克的炼油厂、机场设施、飞毛腿导弹阵地和部队集结地等目标进行了大量的轰炸。

中、高空轰炸具有以下特点：

第一，增大轰炸机作战距离。轰炸机在低空飞行的作战半径往往要比高空飞行小得多，中、高空轰炸可以大大增加轰炸机的辐射范围。

第二，减小低空防空兵器对轰炸机的危害。当轰炸机在 7000 米以上高度轰炸时，可避开大部分中、小口径高射炮的威胁。而大口径高射炮射速慢，随高度增高射击精度也会减小，对轰炸机的威胁也相对减弱。但任何事物都具有两面性，中、高空轰炸进入目标的隐蔽突然性减小，受地空导弹的威胁也随之增大。

第三，达成精确瞄准困难，航弹散布面大。高空飞行时，飞机的安定性和操纵性变差，投弹前的瞄准过程中修正误差比较困难。同时，随着高度的升高，炸弹的散布面增大，轰炸同样的目标，想要达到同样

由于自卫能力较弱，B-52 战略轰炸机在越南战争期间普遍采用中、高空轰炸的方式，尽可能免受敌方地面防空火力打击，但轰炸效率相对较低。

的效果，中、高空轰炸所需的轰炸兵力较多。

因此，这种轰炸方法通常是在敌低空防空火力较强，而中、高空防空火力较弱时；或需远程奔袭敌后方大面积目标时；或使用空地导弹、巡航导弹实施打击时采用。

低空短航路轰炸

低空短航路轰炸，指的是从低空进入战区，尽量缩短轰炸航路的距离，迅速完成瞄准、投弹动作并迅速脱离目标的战术。在当前防空兵器快速发展的情况下，低空短航路轰炸成了一种重要的、经常采用的突击战术。

低空短航路轰炸的轰炸高度，应根据飞机性能、轰炸设备、所使用轰炸武器和飞行人员技术、战术水平等情况确定。轰炸航路的距离则应根据飞行速度、轰炸高度、瞄准所需时间和目标防空情况等确定。

低空短航路轰炸通常适用于突击有较强防空火力掩护，位于敌浅近纵深地域的目标。

实施低空短航路轰炸应注意以下几点：第一，目标附近或轰炸航路上应有明显可见的地标，以保证在航路短的情况下，能够准确进入目标，并及时发现、识别目标。第二，进入目标之前的准确航行，是顺利实施轰炸的关键。要在到达目标前的航行中，将各种误差消除，或保持误差在尽可能小的范围之内，确保

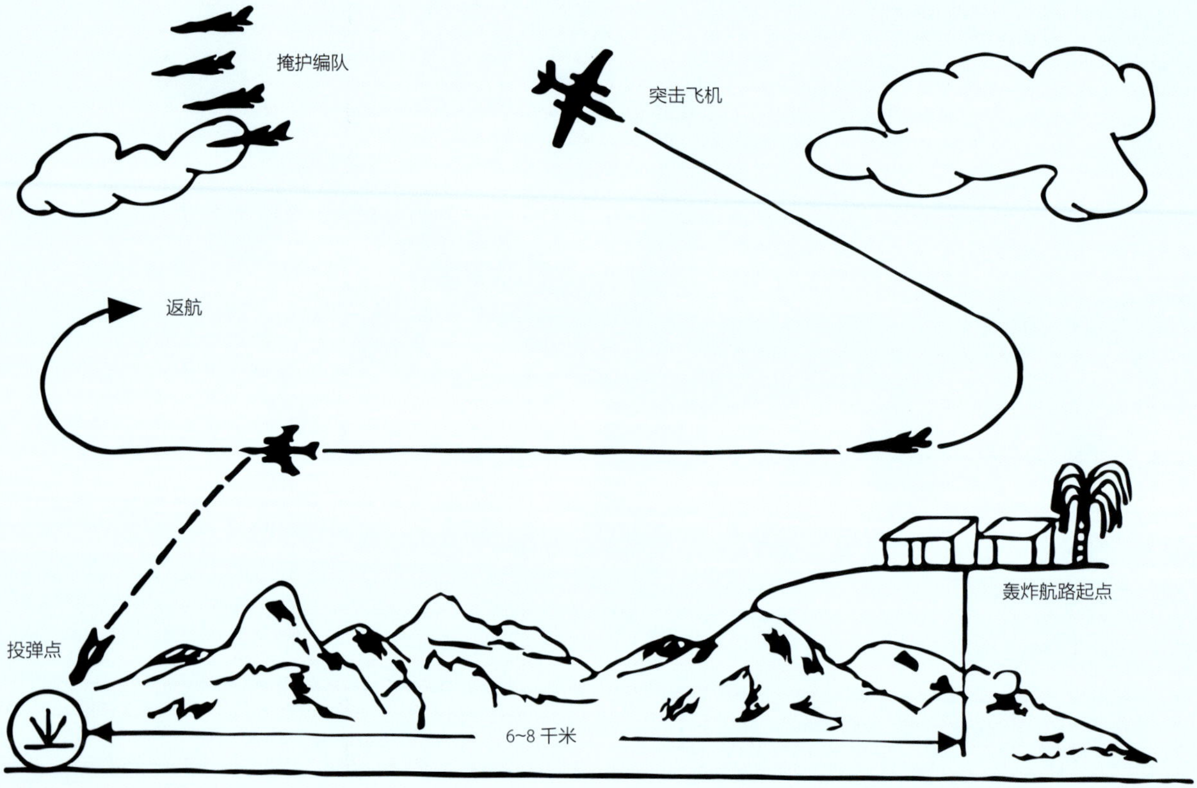

低空短航路轰炸。

在很短的航路上集中精力完成轰炸动作。第三，充分发挥机组成员的集体智慧，在明确分工的基础上互相协助，共同搜索发现目标，提醒动作，以保证在短航路情况下能够紧张而有序地工作，做到忙而不乱。

低空短航路轰炸的优点是：可以隐蔽突然地接近目标，使敌难以判断我方作战意图，有利于出其不意地袭击敌人；可推迟目标区敌防空兵器发现我机的时间，使其难以调整发射诸元，从而降低敌防空火力的杀伤概率，航弹的散布面小，有利于提高轰炸的命中率。

低空（超低空）突袭几乎是所有轰炸机飞行员的必修课。

低空短航路轰炸存在的主要问题：

第一，搜索识别目标受限，可供瞄准时间短。由于飞行高度低，飞机相对地面运动角速度大，再加上地形起伏的变化，这些都对搜索目标的影响增大。低空视界小，空中识别目标时间短，飞行员很难看清目标区全貌，这些都给搜索发现目标增加了困难。另外，由于发现目标距离较近，加之轰炸航路短，使可供瞄准时间明显缩短，这就要求飞行人员要在最短时限内，迅速、准确地完成定向定距瞄准，以取得较高的命中率。

第二，使用航弹受限，突击目标种类少。各种航弹和引信都规定有最低安全使用高度，这使低空轰炸对较大直径航弹的使用受到了限制。另外，低空轰炸时航弹的侵彻力减小，有时还会发生跳弹现象。因此，这种轰炸方式所能突击的目标也受到限制，不适合突击坚固的、地下的各类目标，而适用于突击暴露的战场目标、铁路（公路）线、停机坪上的飞机、海上运输舰船等目标。

第三，机动飞行受限，易遭小口径防空兵器杀伤。实施低空轰炸时，轰炸机在瞄准投弹过程中，要保持飞机平直飞行，不能作机动动作。因此，在轰炸航路上，受敌中、小口径高射火力威胁的可能性增大。

低空（超低空）跃升轰炸

低空（超低空）跃升轰炸，指的是轰炸机在低空（超低空）突防的前提下，隐蔽地接近目标，在预定地点急速跃升到轰炸高度，以最短航路实施轰炸的战术手段。低空（超低空）跃升轰炸是目标区域敌对空防御火力较强时，对坚固目标或低空难以发现的目标实施突击的基本方法。

低空（超低空）跃升轰炸的优点是：

第一，有利于隐蔽接敌，提高突防效率。由于低空（超低空）跃升轰炸是从低空、超低空接近目标，故具有一定的突然性，在接近目标前遭敌战斗机和地空导弹抗击的机会少。在跃升过程中，由于轰炸机的高度、速度不断变化，对敌地面防空兵器射击的精度也有一定影响。

第二，有利于搜索识别目标。低空视野小，搜索识别目标困难。采取低空（超低空）跃升轰炸可扩大视界及机载雷达的探测范围，有利于搜索识别目标和及时确定准确的瞄准点。

第三，有利于充分发挥航弹的性能。航弹的侵彻能力除取决于炸弹本身的性能外，还随高度的增加而增大。飞机跃升到一定高度后投弹，能使炸弹获得较大的侵彻力，不但能满足摧毁目标的需要，还可防止载机被自投炸弹所毁伤。此外，跃升到一定高度轰炸，还可避免跳弹的发生。

因此，低空（超低空）跃升轰炸具有低空短航路

低空（超低空）跃升轰炸对飞机和飞行员均提出了较高的战术要求。

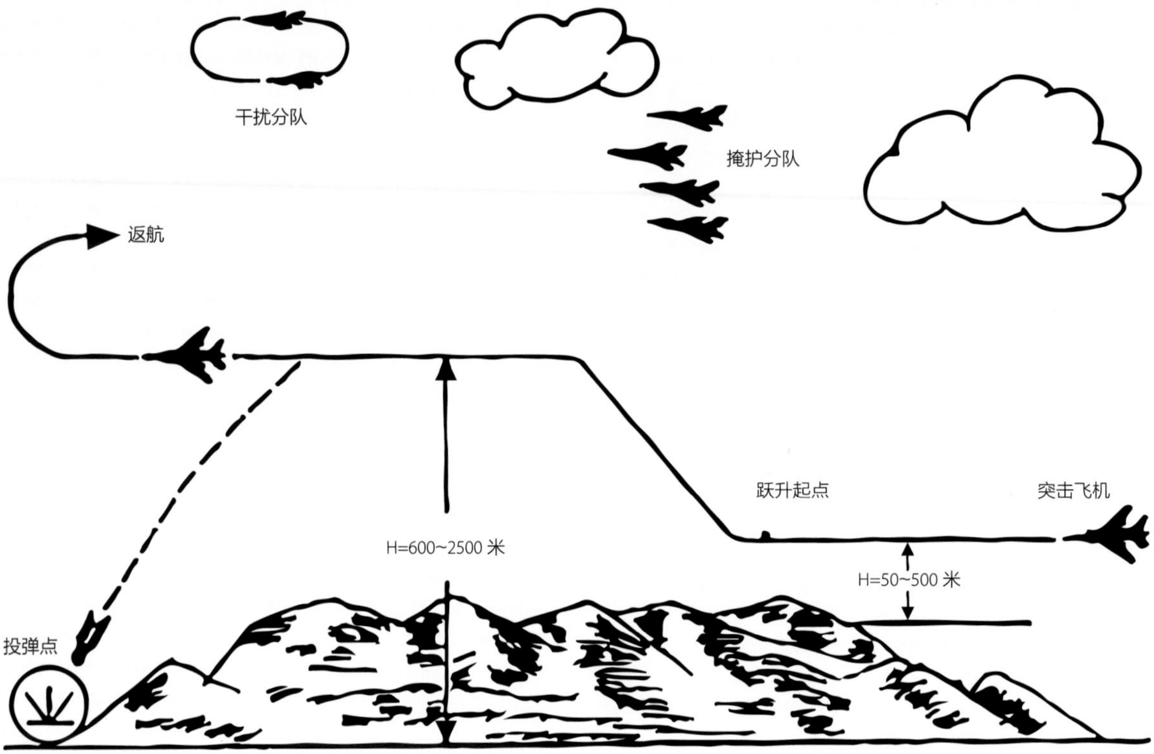

低空（超低空）跃升轰炸。

轰炸和中、高空水平轰炸的双重优越性。

低空（超低空）跃升轰炸应注意的问题：

第一，正确选择跃升点，掌握好跃升时机。所确定的跃升点，既要明显可靠，便于低空、超低空搜索辨认，又要符合短航路轰炸的要求，不能距目标过近或过远。如果跃升点距目标过近或跃升时机过晚，将直接影响轰炸效果；而跃升点距目标过远或提前跃升，又会过早暴露自己，生存率必然降低。为了正确选择跃升点，应根据不同飞行重量、飞行速度和跃升高度进行必要的计算。

第二，跃升轰炸动作比较复杂，机组成员要密切协同动作。在跃升阶段，动作多、难度大。机组成员要严格分工、准确行动、密切协同，否则，轰炸精度将受到一定影响。

第三，跃升轰炸与低空、超低空航行相结合。跃升之前航行高度低，准确航行的难度大，应及时修正航迹偏差，保证能够准确到达预定跃升点。

空中编队的协同战术

多机编队协同

轰炸机多机编队协同要求

● 针对斗争对象灵活变换编队距离

为了减轻敌防空兵器的危害，编队内相邻飞机的间隔、距离和各编队的间隔时间，都应根据不同斗争对象灵活变换，其基本原则是:

编队内相邻飞机的间隔、距离应小于雷达分辨目标的能力，大于一枚导弹的杀伤直径。这样一方面使敌方难以分清编队飞机架数，干扰其指挥决心，影响射击指挥的效率，由于目标回波汇合在一起，成为一个起伏变化较大的回波信号，当雷达跟踪目标时，受其控制的导弹也会随回波的起伏摆动，使射击误差增大，射击效率降低。另一方面又可避免一枚导弹因能同时杀伤两架飞机，而使编队突防效率锐减。当无法兼顾以上两个方面时，由于一枚导弹所能杀伤飞机的多少，较之回波信号起伏对射击效率的影响更大，因此，编队内各机间隔、距离，应根据导弹的杀伤直径来确定。当编队通过由数种防空兵器混合部署的地域时，为使任何一枚导弹都不能同时杀伤两架飞机，编队内各机的间隔、距离应根据该地域内杀伤直径最大的一种防空武器来确定。

前后编队的间隔时间应小于导弹一次转移火力的时间，以免敌转移火力逐次射击我各编队。为使敌方一个防空火力单位只能对一个小编队射击，前后编队间隔时间总和应小于地面防空武器一次转移火力的时间。在夜间、复杂气象采取单机跟进队形时，跟进间隔时间的确定应以便于组织、机动为前提，并根据机上设备和飞行员技术水平等情况尽量减小间隔时间。

当小编队可能从敌方核防空导弹火力区内通过时，为了避免一枚导弹同时杀伤我两个小编队，各小编队之间的间隔，应大于一枚核防空导弹的杀伤直径。严格来说，各小编队之间的距离，应等于或大于一枚核防空导弹的杀伤直径与轰炸机小编队指挥员定下决心、

轰炸机编队中相邻飞机的间隔、距离应小于雷达分辨目标的能力。

轰炸机多机编队协同必须充分考虑相邻飞机的间隔、距离和各编队的间隔时间。

进入转弯并以一定的转弯角绕过核爆炸区这段时间内飞过的距离之和，以确保当敌向某一个小编队射击时，随行其后的小编队能在安全的距离上绕过爆炸区。

● 根据防空部署情况恰当确定航线数量

当敌防空兵器采取环形部署、梯次配置且有歼击航空兵掩护时，各批轰炸机通常会从一个狭窄地带通过敌防空空域，沿一条航线低空进入目标，以限制敌可能参加对空抗击的兵力和可能射击的目标数量，同时也便于我方压制选定方向上的地面防空兵器，组织实施比较简单，便于指挥协同。

当敌对空防御较弱或重点掩护个别地域时，我方通常选择数条航线，并采取不同高度飞向目标，在短时间内从宽广正面上空通过敌防空地域，并从数个方向接近目标，使敌顾此失彼，而我部分编队则可能免遭射击。当敌防空部署中存在一个薄弱方向时，我方也可沿一条航线，从该薄弱方向进入目标。

俄罗斯对航母进行饱和攻击的轰炸机编队方案

1962 年古巴导弹危机后，面对美国海军的制海优势、完善的海军打击体系，尤其是其强大的航母战斗群，苏联海军感到毫无还击之力。为了对抗美军，苏联海军曾在 20 世纪 80 年代设计了一整套庞大的饱和攻击方案，用于对付美军的重型航母战斗群。这也是至今为止，国际上唯一一种专门攻击美军航母战斗群的完整方案。

美国海军的一个航母战斗群，一般是以重型航空母舰为中心的，庞大且战斗力完整的舰队。目前美国海军共有重型航母11艘，重型航母战斗群10个。通常

美军典型的航母战斗群。

一个航母战斗群的标准编成为：1艘现役航空母舰（尼米兹级或福特级）、2艘宙斯盾导弹巡洋舰（提康德罗加级）、2艘宙斯盾导弹驱逐舰（伯克级）、1艘多用途驱逐舰（斯普鲁恩斯级）、1艘护卫舰（佩里级）、1~2艘攻击型核潜艇（洛杉矶级）和1艘供应舰（多为萨克拉门托级快速战斗支援舰）。美军还会根据情况，加强其航母战斗群的编制，例如增加防空舰艇或反潜舰艇。

当时美国并没有开发及配备宙斯盾防空系统，苏联开发的这套饱和攻击方案，对美国航母战斗群具有相当大的威胁。因为当时美国航母战斗群一个防空波次，只能同时拦截 36 个目标。

美国航母战斗群，包括其 E-2C 预警机的探测范围是上千千米。发现目标后，可以马上派附近巡逻的 F-14 战机发射射程达 260 千米的“凤凰”空对空导弹对空中目标进行摧毁。F-18 战机也可以发射反舰导弹对水面舰艇进行摧毁。在当时，苏联的反舰导弹射程最多只能达到 400 千米，（现在俄罗斯的“花岗岩”导弹

实施饱和攻击的主角——图 -22M3 超声速轰炸机。

SS-N-12“沙箱”重型反舰导弹曾是苏联反航母的重要利器。

也只能做到 650 千米的射程）。所以，用水面舰艇接近航母战斗群几百千米范围进行攻击，显然不现实。苏联只能选择使用空中攻击力量，快速接近目标，打完就跑。

1985 年底，苏联海军太平洋舰队派出以“明斯克”号和“新罗西斯克”号航母为核心的特混编队，穿过日本海，从冲绳岛南部转向东驶入太平洋深处。在此后 8 天里，“新罗西斯克”号模拟美国航空母舰，出动多架雅克 -38 型垂直起降舰载机对苏联发动从海至陆的突击。太平洋舰队则派出一架图 -95（侦察型）战机，引导 20 架图 -22M“逆火”超声速战略轰炸机对“新罗西斯克”号编队发动模拟反舰导弹饱和攻击。演习结果表明，图 -22M 战略轰炸机使用超声速反舰导弹能够有效打击美国的航母战斗群。由于演习空域位于日本以东，因而对美国和日本造成了极大的震动。

饱和攻击的具体作战方案如下：

攻击总共分 4 个波次。

第一波攻击，也是最重要的攻击。首先针对航母战斗群的防空指挥中心“巡洋舰”发动攻击。图 -22M3 超声速战略轰炸机是苏联有信心可以接近美军航母，到反舰导弹射程内发动攻击的武器载具。第一个波次出动 167 架“逆火”，每架各携带一枚 SS-N-12“沙箱”重型反舰导弹。这种导弹可以以 4 倍声速迅速攻击目标，射程 400 千米。携带 1 吨高爆炸药，并在接近目标前以 3 米掠海高度做出蛇形机动规避动作。

“逆火”战略轰炸机（图 -22M3）超低空以 15 米高度掠海飞行，0.9 马赫速度接近目标。这样一是为了尽量避开美军雷达侦测，二是为节省燃油，可以飞得更远些。当被美军 E-2C 预警机发现时，“逆火”迅速爬升至 9000 米，并以 1.6 倍声速向目标快速接近。因为这时超低空避开雷达侦测已没有意义，爬高反而有助于导弹增加射程，飞行速度加快有助于尽快接近目标发射导弹和缩短导弹飞行距离。当美军 F-14 战斗机发射“凤凰”空对空导弹进行拦截时，“逆火”出现导弹报警提示，此时马上发射“沙箱”反舰导弹，并迅速向左右两边脱离战斗区域，同时释放箔条弹对“凤

大名鼎鼎的图 -16 战略轰炸机。

奥斯卡级大型攻击潜艇。

凰”导弹进行干扰。

如果在第一波攻击同时发射 167 枚反舰导弹，摧毁了美军巡洋舰后，那么第二波次就使用图 -22“眼罩”战略轰炸机，发射反舰导弹实行第二波次攻击，目标是对方的航母。

第三波次，使用图 -16 战略轰炸机和图 -95 战略轰炸机发射反舰导弹攻击。

第四波次，出动奥斯卡级潜艇，发射反舰导弹进行攻击。

这次演习在理论上验证了饱和攻击战术，虽然苏联需要动用 600~700 架先进轰炸机，再配合大量预警机、电子干扰机、电子侦察机，这些几乎是苏联所有的空中反舰力量。拟订计划时也已经充分考虑到美国战机可以拦截其轰炸机和导弹的最大化数量，加上航母战斗群防空系统不同波次可拦截的数量。同时还需要通过其数据链在各型轰炸机、侦察机、预警机之间共享资料与数据。经过四个波次攻击，几百枚导弹像蝗虫一样飞向美军航母战斗群，足够完全拖垮美军防空系统并摧毁一个航母战斗群，这就是饱和攻击战术。

与战斗机协同

轰炸机与战斗机协同主要是利用战斗机在空中格斗方面的优势，为轰炸机提供空中掩护。

空中掩护是保障轰炸机免遭敌机抗击的有效手段。据有关资料，越南战争后期，每一架 B-52 战略轰炸机出动，几乎都有 4 架 F-4 战斗机为其护航。

战斗机协同掩护轰炸机战斗行动时，根据敌空中抗击力量的强弱、抗击的方式、可能活动的方向和地域等，通常采用屏护性巡逻、空中护航和封锁敌战斗机机场等方法。

屏护性巡逻是指根据敌战斗机可能的活动情况，我方派出一定数量的战斗机，在轰炸机战斗飞行航线侧方或武器投射区域附近巡逻，形成保护屏障，随时发现并消灭来袭的敌战斗机。

空中护航是指战斗机对轰炸机进行护送飞行，以一定的兵力与轰炸机组成联合编队，在其飞行的全部航线或部分航线上伴随飞行，以保障其行动安全。空中护航协同方式虽不是主动寻敌作战，但护航兵力应

屏护性巡逻协同方式。

随时准备驱逐、消灭敌战斗机，使轰炸机能够安全地完成预定任务。这种方法能够提供比较及时可靠的掩护，通常在轰炸机通过敌机活动频繁区域、空中威胁对轰炸机编队活动影响较大时采用。

封锁敌战斗机机场是指通过空中封锁的方法，将敌可能进行空中抗击的部分兵力，在一段时间内压制在地面，使其不能危害我轰炸机的战斗行动。

无论采用哪种掩护方式，负责掩护任务的战斗机与担任突击任务的轰炸机之间必须保持密切的战术联系，有时还须保持目视联系。双方应在统一指挥下，协调一致地进行战斗活动。几种协同掩护方法既可单独使用，也可同时使用。在敌机威胁较严重的情况下，应同时运用多种掩护方法，这样效果更好。

现代战争条件下，轰炸机的出动一般都需要战斗机提供空中掩护。

空中护航协同方式。

与电子战飞机协同

轰炸机与电子战飞机协同作战的目的是保障轰炸机顺利突破敌防空系统，降低敌空中突击武器对我空中目标的突击效率，保障我方指挥、领航、轰炸和空地导弹制导电子设备在敌电子对抗条件下的稳定工作，有效对抗敌实施的技术侦察等。

轰炸机与电子战飞机协同可根据电子战飞机的干扰类型分为三种主要形式。

电子战飞机预先布设“干扰走廊”

预先布设消极干扰走廊通常用于干扰敌方警戒雷达或制导雷达，掩护轰炸机进入和突击目标。

有了电子战飞机的协助，可以充分发挥轰炸机的综合效能。

首先，干扰分队飞往预定区域施放无源干扰，形成“干扰走廊”。随后，轰炸机编队沿“干扰走廊”通过，进入目标区，突击预定目标。为了保证轰炸机编队沿“干扰走廊”通过，以获得预期掩护效果，干

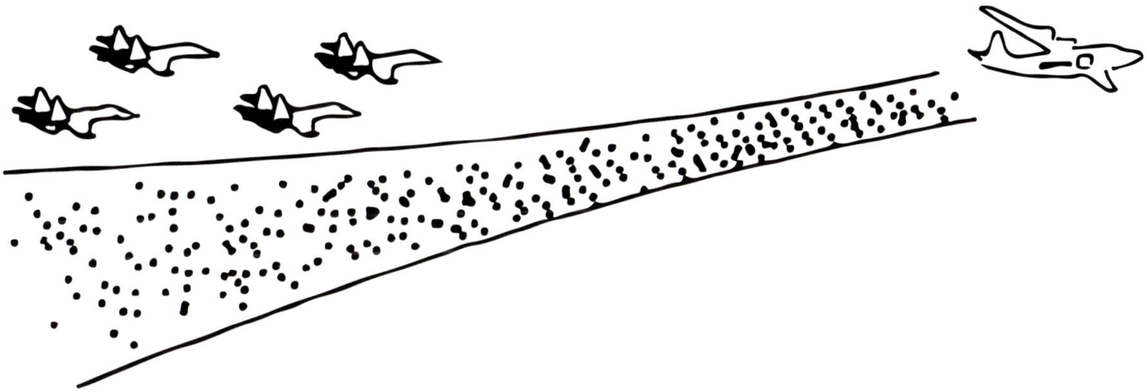

电子战飞机预先布设“干扰走廊”。

扰分队和轰炸机编队必须在时间和空间上密切协同。具体如下：

第一，轰炸机编队出动时间，应略晚于干扰物散开时间，以保证轰炸机编队在干扰物散开并能起较强反射作用时通过“干扰走廊”。第二，施放干扰时，干扰分队与轰炸机编队的航线在无风情况下应保持一致；在有风情况下，干扰分队应偏在上风方向，以保证轰炸机编队在方向上不会偏出“干扰走廊”。第三，干扰分队通常应高于轰炸机编队，其高度差应保证轰炸机编队能靠近“干扰走廊”上沿通过，以提高掩护效果并防止干扰物进入飞机发动机。

电子战飞机远距离干扰掩护

远距离干扰掩护主要用于干扰敌方警戒、引导雷达，掩护轰炸机编队进入和退出目标区。

专用电子干扰飞机提前飞抵干扰阵位，作环形航线飞行并适时施放积极干扰。随后，轰炸机编队从干扰方向进入目标区，对预定目标实施突击。待轰炸机突击完毕脱离目标后，干扰飞机停止干扰并返航。远距离干扰掩护要求干扰飞机和轰炸机进行好战术配合。

在进行电子战飞机远距离干扰掩护时，第一，要正确选择和保持干扰阵位。为了兼顾干扰飞机安全和干扰效果，干扰阵位一般选在轰炸机编队进入目标区域的同一方向，并需位于敌地面防空武器的射程之外，尽量靠近干扰目标。第二，要恰当掌握施放干扰的时机。通常应在轰炸机编队接近敌方雷达警戒线时开始施放干扰，不能过早或过迟。过早干扰会暴露企图和干扰电波的特性，易被敌人实施反干扰；过迟干扰则因对方雷达可能已经发现目标，使干扰战术效果降低。第三，轰炸机编队要严格按照规定的航线和时间进入目标区，并保持在有效干扰扇面内飞行。

电子战飞机随行干扰掩护

随行干扰掩护有编队内随行干扰掩护和编队外随行干扰掩护两种方法。

编队内随行干扰掩护通常由加装有电子干扰设备

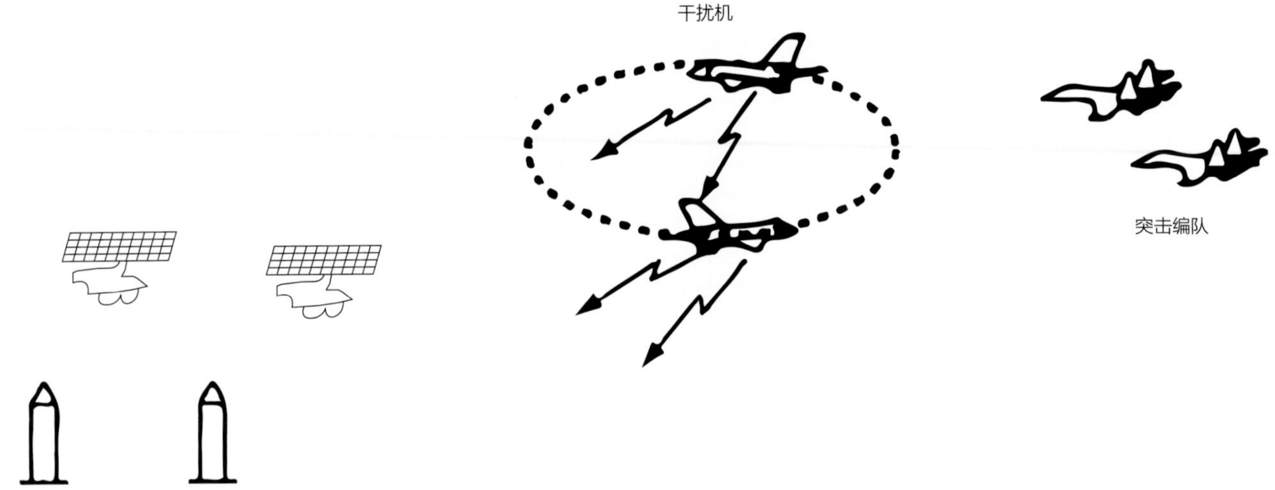

电子战飞机远距离干扰掩护。

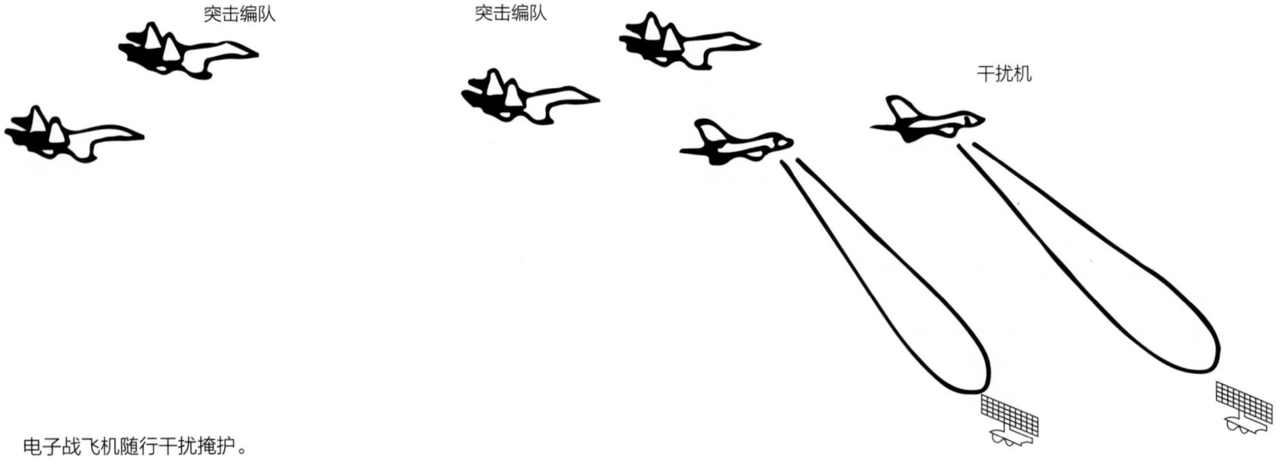

电子战飞机随行干扰掩护。

的轰炸机或与轰炸机飞行性能相当的干扰机和普通轰炸机混合编队实施。干扰飞机一般位于领前位置，在混合编队改变航向、进入敌雷达探测范围、通过防空火力区、进入目标区以及遇到敌战斗机拦截时，对敌方警戒、引导雷达和火控雷达施放干扰。

编队内随行干扰掩护的优点是：干扰强度大、易于协同、掩护可靠。缺点是干扰飞机易遭攻击，一旦被敌杀伤，轰炸机就会失去掩护。

编队外随行干扰掩护由专用干扰飞机单独组成的干扰编队实施。出航时，干扰编队位于轰炸机编队的前上方，偏航线一侧的上风方向，伴随轰炸机编队飞行。当轰炸机编队接近敌方雷达警戒线时，开始对敌警戒、引导雷达施放积极干扰、消极干扰或复合干扰，以掩护轰炸机编队飞向目标，当轰炸机编队到达敌防空火力区时，干扰编队一般不会进入火力区内，而是按最佳干扰航线，在防空武器火力范围边缘飞行，对制导雷达施放干扰，掩护轰炸机编队进入和突击目标。编队外随行干扰的要求：出航时，干扰机编队和轰炸机编队应根据干扰器材的性能确定并保持好战斗队形或相关位置，按规定的时间、航线、高度和速度飞行，保证轰炸机编队始终处在有效干扰扇面内。

轰炸机在平时、战备期间的主要职能

由于战略轰炸机是轰炸机的主力，下面以战略轰炸机为例讲述轰炸机在平时、战备期间的主要职能。

以战略轰炸机为主的作战平台，是国家利益的强势护卫，体现着强大的国家意志。战争中使用战略轰炸机，既可对敌方纵深进行集中、大规模的突击，又可以向对方要害目标实施“点穴”攻击，达到“牵一发而动全身”或“不战而屈人之兵”的目的。其强大的远程作战能力，可将国家军事力量最大范围拓展、延伸，为维护国家利益提供重要保证。

战略轰炸机具有双重威慑作用，战略轰炸机不仅是常规远程精确攻击的重要力量，还是核武器的主要运载平台，是军事强国核威慑力量的三大支柱之一。战略轰炸机只要一出动，不管是否挂载核导弹，本身就是一种威慑的形象符号。轰炸机执行任务具有作战样式灵活、攻击方法多样、执行核打击任务时生存力强和安全性高的优点，其行动具有显形造势效果，是军事威慑的重要组成。

和平时期，战略轰炸机还可以根据形势变化和外交斗争的需要，对战略目标进行威慑巡逻。战略性目标是指敌方政治、经济、军事和统帅机构中关键、核

战略轰炸机已经成为大国威慑力的象征，可以达到“不战而屈人之兵”的目的。

心部分，实施战略打击是夺取战略主动权的重要手段和方法。战略轰炸机是一支重要的战略威慑和战略突击力量，在现代战争特别是信息化局部战争中，摧毁、破坏敌方政治、经济、军事等重要目标是战略轰炸机的重要任务。突击敌方战略性目标不仅可以削弱敌方战争潜力，还可以动摇民心士气，甚至可以直接瘫痪敌方领导、指挥机构，达到“斩首”的目的。所以，在执行这一任务时，轰炸机部队必须周密计划、充分准备和严密组织，力争做到奇袭制胜。必要时，还需实施远程奔袭，深入敌纵深区域作战。

自二战结束以后，美国、苏联（俄罗斯）在全球范围内进行了大量的战略威慑性巡逻，对战略对手施加政治和军事压力。美国利用其在全球范围内大量分布的军事基地，通过战略轰炸机对弱小国家、战略对手进行战略示威和恐吓，肆意实施霸权欺凌活动。苏联也曾利用图 -160 战略轰炸机等对美国本土进行威慑性巡逻，一方面能够加强对美国的战略核威慑，另一方面也能维持本国轰炸机的远程作战能力。近年来，俄罗斯因为“南千岛群岛”问题，也对日本维持了常态化的战略威慑巡逻。

第五章 CHAPTER 5

轰炸机的作战与应用案例剖析

历史经典战例回顾

问世初期的轰炸机战例

1912 年 11 月，位于俄国圣彼得堡的波罗的海车辆工厂成功制造了一架巨型飞机，飞机的设计者是伊戈尔·伊万诺维奇·西科尔斯基。1913 年 5 月 13 日，西科尔斯基亲自驾驶这架飞机进行试飞，获得了圆满成功。该机不但有宽敞的封闭式座舱，还设有一个装有暖气设备的“客厅”，里面放着一个桌子和几把藤椅，其奢华程度是当时那些“天作被、地当床”的欧洲其他国家飞行员所不可想象的。

1913 年底，西科斯基公司制成了世界上第一架重型轰炸机。俄国人给它取了一个非常有意义的名字——“伊利亚·穆罗梅茨”，这是俄罗斯勇士歌中的主人公、俄罗斯大地卫士的名字。

“伊利亚·穆罗梅茨”是一种双翼机，飞机上安装的机枪最多达到 8 挺，还曾做过在飞机上安装 76 毫米口径机关炮的试验。机身内可挂航空炸弹，并首次采用了电动投弹器，还装有驾驶、领航仪表和轰炸瞄准具。飞机载弹量 400 千克，超载时可达 700~800 千克。史学界公认，“伊利亚·穆罗梅茨”堪称当时大型飞机之最。在第一次世界大战期间，无论是协约国还是同盟国，都不曾制造出可与之媲美的重型轰炸机。

“伊利亚·穆罗梅茨”重型轰炸机，配有四台 RBVZ-6 发动机，载弹量 400 千克以上。

俄国沙皇尼古拉二世和俄陆军部十分欣赏“伊利亚·穆罗梅茨”，遂将第一次世界大战爆发时仅有的 4 架“伊利亚·穆罗梅茨”全部投入使用。1914 年 12 月 10 日，俄最高当局决定组建“飞船大队”，任命波罗的海车辆工厂厂长 M.B. 希德洛夫斯基为现役少将，主管“飞船大队”的各项工作，“飞船大队”是世界上第一支重型轰炸机部队。

1915 年 1 月，所有该型飞机全部进驻华沙附近的雅布隆纳机场，这里距离前线只有 40 千米。2 月 15 日，一架“伊利亚·穆罗梅茨”飞机首次袭击了波兰境内的德军目标，投掷 272 千克炸弹。此后，这种重型轰炸机经常执行深入敌方纵深 100 多千米的战役战术轰炸任务。同年 3 月 6 日，飞船中队的格奥尔基·戈尔什科夫中尉和亚历山大·布罗多梅奇各驾驶 1 架该型飞机对波兰威廉贝格车站进行轰炸，在世界航空轰炸史上创造了第一次编队轰炸的战例。8 月，该机又创造了世界航空轰炸史上第一次夜间轰炸的战例。

“伊利亚·穆罗梅茨”重型轰炸机采用了一种独

参加作战的“伊利亚 · 穆罗梅茨”重型轰炸机及相关保障人员。

特的编队队形来防御德军的进攻，直到战争结束只损失了两架飞机。至 1917 年十月革命，俄国退出大战为止，这种飞机共执行过 422 次作战任务，投弹 2000 余枚。从 1914 年到 1918 年，俄国共制造了 73 架“伊利亚 · 穆罗梅茨”，其中一部分为双发动机的型号，还有一部分飞机安装了浮筒，成为水上重型轰炸机。

二战中的轰炸机战例

日本 97 式舰载鱼雷轰炸机偷袭美军珍珠港

在二战历史中，“偷袭珍珠港”算是最为人熟知的事件了，它既因将美国卷入二战，成为战争的重要分水岭，也因其复杂的战略目的和战术方法，为后人留下无尽的经验、教训和遐想。这次改写历史的轰炸主角便是 97 式舰载鱼雷轰炸机（简称 97 舰攻）和日本 99 式舰载俯冲轰炸机（简称 99 舰爆），两者都是当时日本海军享有盛名的主力轰炸机。

1941 年末，作为法西斯德国的盟国，日本决心趁德国在欧洲战场得手之机，扩大战火，夺取战略资源。为了先发制人，日本在 1939 年 9 月制定了“Z”计划。该计划需使用海军舰载飞机远程偷袭美国夏威夷珍珠港海军基地，给美国太平洋舰队致命打击，企图消除美国太平洋舰队对日本的威胁，从而称霸太平洋。

珍珠港距离日本本土超过 6500 千米，对于当时的轰炸机来说是可望而不可即的天文数字般的距离，因此，必须先使用航母将轰炸机运载到珍珠港附近海域。1941 年 11 月 26 日，日本有 6 艘航母、2 艘战列舰、9 艘驱逐舰、3 艘巡洋舰、3 艘潜艇和 8 艘油船离开了千岛群岛，沿偏僻的北部航线向夏威夷岛进发。为了隐蔽行踪，所有舰艇都实施了严格的灯火管制和无线电静默，终于在 12 天后，神不知鬼不觉地摸到了珍珠港以北约 370 千米的预定海域。

12 月 7 日早上 6 点，日本第一波次 183 架 97 舰攻、99 舰爆等飞机离开航母，随时准备应对美军的拦截。此时，美国雷达站也发现了北方大批飞机正在接近，但可笑的是，严重失职的值班人员竟然坚信这是本国飞机。于是，日本机群没有遇到任何阻拦，

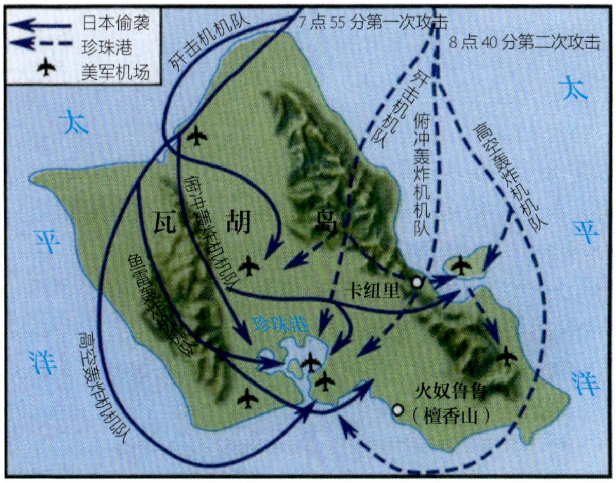

日军轰炸珍珠港的攻击路线图。

珍珠港事件中，前后 2 个小时的轰炸，使美军 2400 余人稀里糊涂地丧命，40 余艘舰船和 300 余架飞机遭到毁伤。

在早上 7 点 30 分左右抵达珍珠港上空。日军的俯冲轰炸机带着炸弹从天而降，鱼雷轰炸机从低空攻击军舰，水平轰炸机在高空再度攻击，无须应对美军拦截的日本零式战斗机也投入轰炸中。原本宁静的珍珠港顿时硝烟弥漫，一片狼藉。多艘美国舰船燃起熊熊大火，沉入水中。

第一波轰炸刚停止，第二波次 170 架飞机尾随而至打击剩余军舰，毫无防备的美军几乎没有任何反应。前后 2 个小时的轰炸，使美军 2400 余人稀里糊涂地丧命，40 余艘舰船和 300 余架飞机遭到毁伤，分别占美国太平洋舰队的 50% 和 70%。而日军仅损失了约 30 架飞机、55 名飞行员和几艘袖珍潜艇。虽然日方有继续攻击的建议，但由于已达到作战效果又担心过多战损，日军舰船于当日下午 1 点 30 分返航。后来无数的军事人员都对这个贻误大好战机的错误决策扼腕叹息。如果日军乘胜追击，摧毁美军的机械厂、修理厂、油库、船坞和附近的航母，那么美国太平洋舰队瘫痪的时间就绝不仅仅只是历史上的半年。

德军 HE-111 中型轰炸机空袭英国本土

第二次世界大战期间的“不列颠之战”中，德国空军对英国实施了夜间轰炸。德军在 HE-111 中型轰炸机上安装了无线电导航设备，解决了远程轰炸的精度问题，在技术上最先实现轰炸程序全自动化。其中，德军利用 HE-111 中型轰炸机对英国重要工业城市考文垂的轰炸，被视为早期战略轰炸的雏形。

德军利用 HE-111 中型轰炸机对英国重要工业城市考文垂的轰炸，被视为早期战略轰炸的雏形。

从 1940 年 8 月 13 日德国攻击英国开始，到 1941 年 5 月“不列颠之战”结束，英德空军在英国伦敦上空上演了二战中第一次独立的、也是世界上规模最大的一次空战。其中最典型的战斗是 11 月 14 日夜间，代号为“月光奏鸣曲”的德国对英国航空工业基地考文垂的空袭。当晚，德军共出动 449 架 HE-111 中型轰炸机，向考文垂市中心投下了 394 吨爆破弹和 56 吨燃烧弹。此外，还投下了 127 枚延时炸弹，以破坏英国人的救援行动。考文垂有 5 万多座建筑被炸毁，死亡 554 人，重伤 864 人，12 家生产飞机零部件的工厂遭到严重破坏，致使英国飞机减产 20%。考文垂的水、电供应中断了 35 天才恢复，损失相当惨重。

在这次空袭中，由于德军在 HE-111 中型轰炸机上使用了代号为“X- 蜡膏”的无线电导航技术，极大地提高了轰炸的准确性。单从军事角度而言，此次空袭是非常成功的，并由于其具备了战略轰炸的典型特点，在军事史上具有非常深远的影响。

“不列颠之战”中，德国对英国考文垂等重要工业城市进行了狂轰滥炸，对英国的工业生产能力造成了巨大破坏。

英军在发现德军使用无线电导航技术以提高夜间轰炸精度后，迅速采取针对性措施，建立了一批专用电台，对德军的无线电信号进行错误转发或强力干扰，通过这些早期的电子对抗，使德军无线电导航的轰炸精度下降了 80%，诱使德军将大量炸弹投到无人地带。

1940 年底，由于英军的英勇抗击，德军损失越来越大，空袭的规模和强度也逐渐减少。1941 年 5 月 10 日晚，德国空军对伦敦进行了最后一次大规模空袭。至此，人类战争史上最惊心动魄的大空战——“不列颠之战”宣告结束。

美国 B-29 战略轰炸机向日本投掷原子弹

1945 年 7 月，美国成功研制出了原子弹。一颗用于 7 月 16 日在美国新墨西哥州阿拉莫戈多附近沙漠地区进行第一次核试验。另外两颗，一颗是铀弹，长约 2.5 米，直径 0.71 米，重 4.1 吨，外形细长，取名“小男孩”；另一颗是钚弹，长约 3.3 米，直径 1.5 米，重 4.5 吨，外形浑圆，取名“胖子”。

此时，二战已接近尾声，在欧洲战场，德国已宣布投降，在亚洲和太平洋战场，日本尚在负隅顽抗。7 月 26 日，美国、英国和中国三国发表《波茨坦公告》，敦促日本迅速无条件投降，但日本政府置之不理。美国决定向日本投放原子弹，他们选择的目标不是重要的军事基地而是两个中等城市——广岛和长崎。而承担轰炸任务的载机是 B-29“超级堡垒”战略轰炸机，它是当时美国唯一可以运载原子弹的载机。

为了执行原子弹投放任务，美国第一次出动了 6 架 B-29 战略轰炸机，其中 3 架为气象观察机，1 架为

执行原子弹投放任务的 B-29 战略轰炸机。

原子弹载机（以机长保罗·蒂贝茨上校母亲的名字命名为“伊诺拉·盖伊”），另2架分别是装有科学仪器的测量机和照相侦察机。1945年8月6日8点15分，美军一架B-29战略轰炸机向日本广岛市区投下了代号为“小男孩”的原子弹。原子弹在市中心上空600米处爆炸，相当于1.7万吨TNT炸药当量的原子裂变反应，瞬时使市内90%的房屋受到破坏，浓烟翻滚至7620米的高空。全市24.5万人口中有78150人当日死亡，死伤总人数达20余万。

第一颗原子弹突袭得手后，由于日本没有立即投降，美国便计划投放第二颗原子弹。8月9日，美军又出动B-29战略轰炸机将代号为“胖子”的原子弹投掷到日本长崎。长崎市约60%的建筑物被毁，伤亡86000人，约占全市总人口的37%。

美国在日本投放的两颗原子弹，以其空前巨大的杀伤力和破坏力震惊了日本战时内阁，加速了日本军国主义的彻底失败。8月15号，日本宣布无条件投降，并于9月2日签署投降书，第二次世界大战至此结束。

被“小男孩”原子弹轰炸过后的广岛，一片焦土。

另一方面，这两颗原子弹的爆炸给日本平民造成了巨大的灾难，在国际社会上引起了强烈反响。核武器的出现和在战争中的首次使用，使人类社会进入了在核战争威胁下的时代。

B-29战略轰炸机作为投放核弹的载机，是二战时期美国轰炸日本列岛及其亚洲基地的主力轰炸机，它也作为人类史上第一种、也是唯一一种在实战中显示核武器巨大威力的轰炸机而永载史册。

越南战争中的轰炸机战例

1972年12月中旬，美国与越南方面停战谈判破裂，白宫受到了国内外空前的压力，要求尽快结束这场旷日持久的武装冲突。美军专家研究强调，必须在短时间内，对北越进行沉重打击，造成巨大的损失和破坏，影响河内官方在和谈问题上的立场，从而迫使越南做出让步。美国总统尼克松要求战略航空兵勇担重任，挽救局势。

1972年12月18日至29日，美国发动了越南战争中规模最大、也是最后一次空中战役——“后卫Ⅱ”战役。美军共动用200多架B-52战略轰炸机，对越南民主共和国军政目标进行了11天的狂轰滥炸，越南民主共和国遭受了沉重的打击。此次袭击，战略航空兵的轰炸不是针对越南民主共和国地区的所有领土，而是主要针对越南民主共和国不可替代的军事工业中心——首都河内和重要港口附近地区。

在发起“后卫Ⅱ”行动的第一夜，美军从关岛和乌塔堡两个基地起飞的129架B-52战略轰炸机共进行了3波攻击。同时，越南民主共和国的防空导弹也展示了

“后卫 II”行动中 B-52 战略轰炸机大量出动，投下数量惊人的弹药。

威力。据称，越南民主共和国防空导弹共击落了美军 3 架 B-52 战略轰炸机和一架海军 A-7 战术轰炸机，还有一架 F-111 战斗轰炸机在投掷完炸弹后原因不明地坠毁了。第二夜的攻击行动比较顺利，美军战机飞行员没有看到任何一架越南民主共和国的米格战斗机。灾难发生在第三夜，越南民主共和国的防空导弹和米格战斗机给美军造成了重大损失：有 6 架 B-52 战略轰炸机和一架来自美国海军“企业”号航母的 A-6 战术轰炸机被击落；5 架 B-52 战略轰炸机在到达轰炸目标前被击中。

12 月 29 日，“后卫 II”行动结束。“后卫 II”行动期间，B-52 战略轰炸机在 11 个晚上共出动了 729 架次（计划出动 740 架次，其中有 11 架次中途终止了飞行，未能抵达目标），突击了 34 个目标，投弹量达 15287 吨，1600 处军事设施被破坏或摧毁，使越南民主共和国损失了 3 百万加仑（1 加仑 ≈ 3.78 升）石油和 80% 的发电能力。

海湾战争中的轰炸机战例

F-117“夜鹰”战斗轰炸机是美国洛克希德 · 马丁公司下属“臭鼬”工厂的产品。“臭鼬”工厂一直负责美军绝密航空研制计划，如 U-2、SR-71 等。F-117 战斗轰炸机是一种单座战斗轰炸机，其设计目的是凭借出色的隐身性能突破敌方火力网，压制敌方防空系统，摧毁严密防守的指挥所、战略要地和工业目标，同时可执行侦察任务。

越南河内街头依然保留着当年被击落的美军 B-52 战略轰炸机残骸。

F-117 战斗轰炸机的外形设计，直到今天也可以算是特立独行，非常奇特。

作为人类历史上第一款隐形战机，同时又是第一种参加实战的隐形飞机，F-117“夜鹰”战斗轰炸机的名气却远不如F-22战斗机和B-2战略轰炸机。主要原因是F117战斗轰炸机服役时间很短，从1983年服役到2008年退役，总共只有25年时间。对于美军来说，一款先进武器服役时间如此之短是相当罕见的。但这并不是说F-117战斗轰炸机是一款失败的飞机，事实上它取得的成就丝毫不在那些声名卓著的战机之下，海湾战争便是F-117A战斗轰炸机的“成名演出”。

自从1990年8月海湾危机爆发以后，美国分3批将45架F-117A战斗轰炸机调入海湾地区，飞机全部驻扎在沙特阿拉伯西南部的哈米斯·穆沙伊空军基地。该基地距沙特边境1202千米，距巴格达1665千米。根据被攻击目标的纵深距离，F-117A战斗轰炸机每昼夜可出动2次，一直到投弹前（包括空中加油期间）均保持无线电静默，只有在攻击后返航途中空中加油和着陆时可使用无线电通话。1991年1月17日，多国部队正式发动空袭之前9分钟，一架F-117A战斗轰炸机潜入伊拉克南部领空，投下两枚激光制导炸弹，摧毁了一个防空指挥中心。而另一架F-117A战斗轰炸机以同样的方式攻击了伊西部的另一个防空指挥中心，两架战机均全身而退。

海湾战争期间的F-117A战斗轰炸机机群。

在空袭首日的第一波攻击中，第415和416中队共出动了30架F-117A战斗轰炸机攻击了34个目标，主要是伊方的一体化防空指挥中心和位于伊拉克南部、西部的综合军事活动中心。第二波的攻击目标是位于巴格达市区的重要指挥通信中心。在第一天的空袭中，只占出击飞机3%的F-117A战斗轰炸机攻击了占当日被攻击的35%的战略目标。以后的几个晚上，F-117A战斗轰炸机攻击的重点集中在机场上坚固的飞机掩体，桥梁，核生化武器的研制、生产和存贮设施，“飞毛腿”导弹的生产与存储设施以及指挥、通信和控制中心等目标。战争期间，45架F-117A战斗轰炸机在42天中共出动了1296架次，投弹2590吨，其中包括2087枚907千克的激光制导炸弹，1700枚命中目标（炸弹落在瞄准点周围3米以内），命中率超过80%。

在整个海湾战争期间，F-117A战斗轰炸机出动架次只占总出动架次的1.5%，却担负了攻击40%战略目标的重任。它是多国部队唯一突入巴格达市区进行攻击的机种，巴格达被摧毁的目标中，F-117A战斗轰炸机用激光制导炸弹摧毁的占95%。

实战证明，F-117A战斗轰炸机基本满足了设计要求，最适合攻击中等技术水平、中低训练水平、缺乏高技术和先进防空装备、没有高效组织体系的对手。

阿富汗战争中的轰炸机战例

提到B-52战略轰炸机，人们通常会先和“地毯式轰炸”联系起来。随着科技的发展，防空火力越来越密集，越来越精准，B-52 战略轰炸机这种不以速度和机动性见长的“大块头”在防空圈内的生存能力越来越低。于是，从 20 世纪 70 年代开始，美军就对 B-52 战略轰炸机进行了改装和升级，使之具备防区外打击能力。此后，B-52 战略轰炸机充分发挥机体大，载弹量多，滞空时间长的优势，成为美国空军最主要的巡航导弹发射平台，从最初以核威慑为主，演变成以常规作战为主。

进入 21 世纪后，B-52 战略轰炸机着重改进了战术精确对地打击能力，机翼右翼两套发动机吊舱之间携带的激光瞄准吊舱和机关炮被取消了，将相应位置改成了电子对抗装置。在阿富汗战争的“持久自由”行动中，B-52 战略轰炸机更是与美军地面特种部队一起，创造一种新的作战形式，即美军地面部队负责精确引导，B-52 战略轰炸机凭借其巨大的载弹量，按照地面的指示，准确对塔利班武装目标进行定点清除，有力支援了北方联盟夺占首都喀布尔，推翻塔利班政权。

2001 年的“持久自由”行动期间，B-52H 战略轰炸机完成了从“地毯式轰炸”到“精确打击”的角色转换，除了进行相应的改装升级外，最大变化是加装了类似“狙击手 XR”一类的先进瞄准吊舱以及采用了 GPS 卫星制导的 JDAM。行动期间的一次轰炸中，在前线特战队没有配备激光指示设备的情况下，美军后方指挥部根据一架 MQ-1“捕食者”无人机提供的视频图像，分析出隐藏在山岭中目标碉堡的准确坐标信息。在通过数据链接收到坐标后，代号“西奈 -01”的 B-52H 战略轰炸机从 1 万米高空投放了一枚 JDAM，将塔利班碉堡准确摧毁，成功为地面部队解围。

阿富汗战争的“持久自由”行动中，B-52 战略轰炸机在地面特种部队的引导下，对地面目标进行了精确打击。

2018 年 2 月 8 日，美空军连续 4 天出动 B-52H“同温层堡垒”战略轰炸机对位于阿富汗东北部巴达赫尚省的塔利班恐怖分子营地进行轰炸，共投放 24 枚 JDAM，摧毁了大量恐怖分子训练设施及刚改装好的自爆卡车。此次作战行动创下了 B-52 战略轰炸机近年来投放最多精确制导炸弹的纪录。此次参与空袭的 B-52H 战略轰炸机是从位于中东卡塔尔境内的乌代德空军基地起飞，在长途奔袭近 2280 千米后，飞抵位于阿富汗西北部的巴达赫尚省执行精确打击任务。

叙利亚战争中的轰炸机战例

2011 年初，叙利亚政府与反对派组织、“伊斯兰国”之间也爆发了冲突。叙利亚的反政府示威活动于 2011 年 1 月 26 日开始，并于 3 月 15 日逐渐升级，随后，反政府示威活动演变成了反对派对叙利亚武装部队及亲政府民兵组织的恐怖袭击。而位于叙利亚地中海南段的塔尔图斯港，是叙利亚第二大商港和渔港，也是俄罗斯海军在海外重要的军事基地，对俄罗斯有着至关重要的战略作用。出于维护在中东地区地位等因素，俄罗斯从 2015 年 9 月起，宣布出兵叙利亚。

2015 年 11 月 17 日，俄罗斯国防部长绍伊古宣布，俄空军在上午 9 点至 9 点 40 分，出动图 -160、图 -95MS 和图 -22M3 战略轰炸机对叙利亚境内恐怖分子目标进行了猛烈的战略轰炸。俄军此次空袭分为两个波次，第一波次以 12 架图 -22M3 远程战略轰炸机组成，对叙利亚拉卡省和代尔祖尔省境内的“伊斯兰国”目标进行了打击。这批图 -22M3 远程战略轰炸机可能是通过“里海 - 伊朗 - 伊拉克”通道越境进入叙利亚，对位于叙利亚东部，与伊拉克接壤的拉卡省和代尔祖尔省的恐怖分子目标进行空袭。俄军公布的轰炸行动视频显示，图 -22M3 远程战略轰炸机在机内弹舱装载了普通航空炸弹。俄空军的图 -22M3 远程战略轰炸机可以携带短程的战术空地导弹、激光制导炸弹等弹药，没有发射远程巡航导弹的能力，但由于恐怖分子没有像样的防空武器，所以图 -22M3 远程战略轰炸机投掷普通航空炸弹也能较好地完成任务。

俄罗斯图 -22M3 远程战略轰炸机打击叙利亚境内“伊斯兰国”目标。

俄军的第二个波次是空射巡航导弹打击。俄军共出动了 5 架图 -160 战略轰炸机和 6 架图 -95MS 战略轰炸机，对恐怖分子的目标发射了 34 枚空基巡航导弹。此次空袭使用了两种空基巡航导弹，分别是 X-55 导弹和 X-101 导弹，这两种空基巡航导弹都属于 X-55 系列巡航导弹，由于外形酷似美国战斧式巡航导弹，因而被人们称之为“战斧斯基”。任务结束后，俄宣布所有导弹都命中了此前侦察获取的目标。

值得注意的是，2015 年 11 月 20 日，俄军两架图 -160 战略轰炸机一改常态，没有走近道，而是特意向北飞行，然后沿着欧洲的挪威海岸、爱尔兰西海岸南下飞行，最后拐入地中海，抵达叙利亚完成空袭后再经伊拉克、伊朗等地返回俄境内，整个飞行距离长达 13000 千米，几乎绕飞了整个西欧地区，一度引发空前热议，向西方国家展示了俄恐怖的远程战略打击能力。这次行动是图 -160 战略轰炸机服役以来首次投入实战，也是这型传奇轰炸机诞生以来的首次实战，为俄罗斯轰炸机的远程战略运用积累了作战经验，同时也检验了图 -160 战略轰炸机在实战中的性能。

轰炸机的轶事点评

美军 B-25 轰炸机撞上纽约帝国大厦事故

1945 年 7 月 28 日晨，漫天浓雾笼罩着纽约，市内最高的著名建筑物帝国大厦在浓雾的掩盖下时隐时现。飞行员小威廉 · 富兰克林 · 史密斯驾驶一架 B-25 米切尔型轰炸机执行常规人员转移任务。

飞机从马萨诸塞州的汉斯科姆起飞，飞往拉瓜迪亚机场。当天天气有雾，而飞机进入纽约上空时，天气状况变得更糟了。史密斯联系了拉瓜迪亚机场请求降落许可，机场塔台告知当时能见度为零，建议不要降落，并指示他转而降落到纽瓦克机场。但飞行员却执意继续飞行，并在大雾中迷失了方向。于是，他保持在较低的高度飞行，飞行速度也较慢，试图看清前方的飞行路线。然而史密斯在飞行中却犯下了致命错误，误认为自己在曼哈顿西部上空，在避开克莱斯勒大厦后，飞机本应左转，但他却错误地向右转，这一失误使飞机径直向帝国大厦飞去。

当地时间早上 9 点 40 分，飞机撞上了帝国大厦北侧 78 层和 80 层之间，在外墙撞出了一个近 50 平方米的洞，机上燃油引发了爆炸。飞机残骸中的燃油沿大厦外墙倾泻而下，引发了大火。火焰蔓延到大厦的 75 层，整座大厦都“变成了火把”。一个发动机击穿了大楼，从撞击点对面大楼南侧飞出，在飞过一个街区后，落在了 270 米外的一栋临近建筑屋顶上，引发的火灾烧毁了一间阁楼。另一个发动机和起落架的部分残骸落入了电梯井中。

事故引发了大火，上百名消防员被派遣到高处灭火，在当时成为纽约消防史上楼层最高的灭火任务，这一纪录直至 2001 年“9 · 11 恐怖袭击事件”才被打破。大火持续燃烧了 40 分钟后被扑灭，而这也是人类历史上首次控制住这一高度的高层建筑火灾。大火扑灭后，整栋大厦依然保持完好，只有飞机残骸仍然卡在建

B-25 轰炸机。

B-25 轰炸机将大楼撞出了一个近 50 平方米的大洞。

如今，航空障碍灯已经成为高层建筑的标准配置。

筑中。

在大厦的修复和赔偿过程中，美国军方成了需要为损失付出代价的一方。之前，美国奉行“主权豁免原则”，受行政行为侵害的人只能依据一些个别有关侵权赔偿的规定，寻求很少的一些赔偿。由于帝国大厦方面的坚持，让美国通过了《联邦侵权赔偿法》。从此，现代侵权赔偿制度确立，赔偿老百姓损失的时候，军队也不能例外。

帝国大厦的遭遇，让人们知道了摩天大楼会有被飞机撞击的风险，后续建造的摩天大楼都把飞机撞击列入风险防范范围之内。从那之后，高层建筑开始普及楼顶的航空障碍灯，以尽可能防范高空撞击的风险。

如今，不仅仅是高层建筑，超过一定高度的铁塔、塔吊等建筑也需要设置航空障碍灯，以防出现飞行器碰撞事故。低于 45 米的障碍物使用低光强航空障碍灯，分为 A、B、C 共 3 型，有红色、蓝色和黄色等多种规格；高于地面 45 米至 105 米之间的障碍物使用中光强航空障碍灯，有白色闪光灯、红色闪光灯和红色恒定发光灯 3 种类型；比地面高 150 米以上的障碍物必须使用高光强航空障碍灯，通常为白色闪光灯。这些灯要么同时闪光，要么按照中层 – 顶层 – 底层的顺序闪光。

苏联图 -95 战略轰炸机投掷超级氢弹试验

AN602，代号为“大伊万”，也称“沙皇炸弹”，是一枚苏联在冷战时期制造的超级氢弹。“沙皇炸弹”之名即意味着它是“炸弹之王”，因为它是人类至今所制造过所有种类炸弹中，不管是在体积、重量或者威力上都是最强大的炸弹。

1961 年 10 月 30 日，苏联位于北冰洋，在巴伦支海和喀拉海之间的新地岛上空投下“沙皇炸弹”。从 1955 年到 1991 年期间，新地岛上共进行 130 次核试验，其中，88 次为大气层核试验，39 次为地下核试验，3 次为水下核试验。

1961 年冬天的一个凌晨，苏联科拉半岛的一座空军基地中，重达 26 吨的“沙皇炸弹”被艰难地装上了

人类至今所制造过威力最强大的炸弹——“沙皇炸弹”。

位于北冰洋，在巴伦支海和喀拉海之间的新地岛成了苏联的核试验场。

一架专门改装过的图 -95 战略轰炸机。这是一架改装过的图 -95 战略轰炸机 V 型（特制机种，目前展览于俄罗斯中央空军博物馆），由安德烈 · 杜尔诺夫柴夫少校驾驶。另外伴随一架图 -16 轰炸机作为观测机，负责将试爆的画面以图片和影像的形式记录下来，同时将爆炸时的空气作样本收集。由于“沙皇炸弹”过于庞大，所以这架图 -95 战略轰炸机必须将机体内燃油槽与机腹炸弹舱门移除才能执行任务。

“沙皇炸弹”的爆炸当量原设计为 1 亿吨 TNT，但一个研制者们事先未考虑到的问题摆在了眼前：这枚核弹的杀伤半径为 1000 千米，苏联的试验场没有地方能进行试爆。后来，经过反复论证，决定采取一种折中的办法：装药量减为一半，即 5000 万吨当量。尽管被削减了一半的威力，“沙皇炸弹”的威力依旧为二战末期投掷于广岛“小男孩”原子弹的 3846 倍。

爆炸当时所产生的火球高度达 4600 米，已超过引爆高度，所以火球很快地就席卷了地面，并迅速扩散到投掷高度，在将近 1000 千米外的地方都可看见。爆炸产生的烟云团宽近 40 千米，高约 64 千米，相当于珠穆朗玛峰海拔高度的 7 倍多。虽然这一次是在空中试爆，但往地球传送的地震波被美国地质调查仪侦测到引起了里氏地震规模 5~5.25 的地震。

由于该型炸弹过于庞大，苏联军方并没有将另一枚同型氢弹用在战场上的打算，苏联军方认为，除了借由建造完成以及威力释放后的结果达成对西方世界的震吓之外，实际上，对于这枚大家伙要如何运用才是最伤脑筋的事，因为它太大而且丢不远——图 -95 战略轰炸机虽然能够携带这个大家伙升空，但轰炸机会因此而飞不远，投弹后飞机也容易被震波击落。

“沙皇炸弹”爆炸后留下的巨大弹坑。

美军 B-52 战略轰炸机携带 4 枚百万吨 TNT 当量氢弹坠海事件

1966 年 1 月 17 日发生于西班牙海岸上空的“帕利马雷斯氢弹事故”，是世界十大恐怖核事故之一。

KC-135 加油机正在给 B-52 战略轰炸机加油。

20 世纪 60 年代正是美苏冷战的关键时期，为了应对突发事件，美国战略轰炸机训练时经常带着氢弹。1966 年 1 月 17 日，美国空军在西欧进行飞行练习，其中一架装载四枚氢弹的 B-52 战略轰炸机在高空昼夜巡逻，由 KC-135 加油机进行空中加油。当天上午 10 点 10 分，两机在西班牙上空实现连接，进行空中加油。当时两机相距 50 米，正飞行在西班牙的帕利马雷斯上空，飞行高度为 9300 米，飞行速度每小时 600 千米。

突然，两机发生碰撞，B-52 战略轰炸机上八个喷气发动机中的一个爆炸起火，火光和烟雾笼罩着机翼。飞行员果断地掷掉备用油箱，继续朝前飞行。10 点 22 分，飞机离帕利马雷斯 1.6 千米时，飞行员看到失火事故已经无法排除，迅速采取应急措施——掷下氢弹。就在之后仅几秒钟，油箱爆炸，驾驶舱着火。要不是飞行员果断掷下氢弹，那么后果不堪设想。飞行员带着降落伞强行跳出着火的座舱，飞机爆炸的碎片散落在帕利马雷斯周围 39 平方千米的范围内，大块的飞机残骸在地面上足足燃烧了 5 个小时。

飞机失事后不久，跳伞的飞行员被正在附近捕鱼的“玛努爱托”号渔船救起。有关人员在帕利马雷斯附近的陆地上找到了三枚氢弹，B-52 战略轰炸机上氢弹的威力比轰炸广岛的原子弹大 1250 倍。如果一枚氢弹爆炸，一瞬间就会使离爆炸中心 15 千米范围内的生命全部毁灭。幸运的是，陆地上找到的三枚氢弹都没有爆炸。

但是另一枚氢弹怎么也找不到了，美国空军的侦察机对长 12 英里（1 英里≈ 1.6 千米）宽 8 英里的整个区域进行了拍照，将其做成航空照片，在图上，整个地区被分成了许多小块，每块面积 1000 平方英尺（1 平方英尺≈ 0.09 平方米）。在逐块地进行搜索时，甚至每一小块最小的飞机残片都被找到了，它们的位置

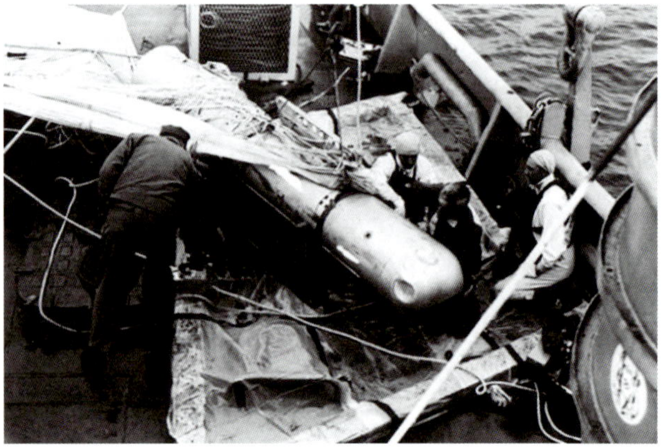

当年打捞上来的氢弹。

均被标在一张塑料透明图上。

为了捞回氢弹，美军成立了临时军事指挥部，由美国海军驻南欧舰队的乌·艾利斯将军任参谋长，曾是著名深潜艇“得里雅斯特”号驾驶员的特·皮·莫尼任首席顾问，还调集了航空母舰、扫雷艇、驱逐舰、登陆艇等许多舰艇，包括103名潜水员等一大批专业人员。在特别司令部的领导下，搜寻一枚落海氢弹的工作在帕利马雷斯沿海全面展开。首先是使用代号为“鱼”的拖曳声呐，它在距海底10米处以1节速度拖航，对海底全面进行探测。可是由于帕利马雷斯沿海的地形相当复杂，海底崎岖不平，陡峭的大陆坡上还连有几千米长的水下峡谷，因此，依靠水声探测仪器初步搜寻毫无结果。最终美军共出动了24艘舰艇，耗资8000多万美元，动员3000多人，历时三个多月，在700多米深的海底安全地找到了这枚氢弹。

此次氢弹搜索主要是出于政治和军事目的，但却为以后的民航搜救提供了宝贵经验，尤其是区域切分搜救方法对于提高搜救效率、争取搜救时间具有重大的意义。

俄罗斯图-95战略轰炸机绕日本战略巡航事件

苏联/俄罗斯从20世纪60年代开始，就始终坚持派遣战略轰炸机对日本周边进行战略巡航，一方面为了吓唬和敲打日本，同时也对驻日美军进行战略威慑。这种使用远程轰炸机绕日飞行的战略巡航，成了冷战时期和目前日本的噩梦之一。

苏联解体后，由于财政困难，俄罗斯从1992年开始，有十五年时间取消了战略轰炸机远程巡逻任务。直到2007年，因为国际石油价格大涨，俄罗斯经济好转并有能力恢复武力，才重新开始恢复了战略巡逻任务。目前，俄战略轰炸机的远程巡逻已经成为俄罗斯表达自己政治态度，展示军力的主要手段。多年来，俄罗斯绕日本战略巡航已然形成了“惯例”，图-95战略轰炸机又是这其中出镜率最高的主角。

2014年4月15日，俄军同一天出动6架图-95战略轰炸机环绕日本飞行了一整天，其中有两架图-95MS战略轰炸机从符拉迪沃斯托克方向出发，向南过对马海峡，进入东海，经过宫古水道上空后向北一直飞越北海道返航。

2015年12月21日，两架俄军图-95MS战略轰炸机与一架疑似最新型A-50E预警机在日本周边空域进行环绕飞行。日本自卫队紧急起飞战机对其进行了抵近监视并拍摄照片。

2016年1月26日，日本航空自卫队发现两架图-95战略轰炸机自日本海方向接近日本本州岛，然后转向北海道，再向南飞到冲绳，最后自对马海峡北上返航，围着日本飞了整整一圈。

2017年1月25日，日本自卫队称，日本航空自卫队战斗机紧急升空出动，跟踪俄罗斯3架图-95战略轰炸机，俄机从日本海一直到太平洋海岸绕飞了整个日本全境，但并没有侵犯到日本的领空。

2018年2月22日，图-95MS战略轰炸机完成2018年度第一次在日本列岛附近飞行任务。

2019年2月15日，日本防卫省统合幕僚监部公布了俄军飞机15日的巡航路线。图中显示，俄方当天共

出动了四架图 -95 战略轰炸机，其中两架在日本海上空由南向北飞行，先后有四架苏 -35 战机为其护航。另外两架图 -95 战略轰炸机从千岛群岛进入西太平洋，沿日本东部先由北向南飞行，后几乎原路折返，由千岛群岛返回。四架俄罗斯轰炸机的飞行路线几乎绕了日本一圈。

2020 年 3 月 24 日，两架图 -95 战略轰炸机绕飞日本，遭到 F-2 战机紧急追踪伴飞。

俄罗斯战略轰炸机之所以常年绕飞日本，主要还是因为目前日俄存在岛屿争夺问题。日本一直想要夺回其在二战中失去的南千岛群岛，俄罗斯则声称“俄罗斯土地没有一寸是多余的”，坚决予以捍卫，丝毫不退让。派出战略轰炸机绕飞日本是俄罗斯最有力的威胁警告手段，主要目的还是为了向日本方面施加压力。

俄罗斯战略轰炸机绕飞日本，其实并没有特别重要的实战意义，毕竟如果真是在战时，俄战略轰炸机只需要飞到日本海上空发射导弹即可攻击日本全境目标，完全不需要通过绕飞日本领土进行打击。冷战时期，俄美日等国空中力量经常进行这样的交锋，俗称猫捉老鼠游戏。当俄军轰炸机进入防空识别区时，美国空军或日本航空自卫队首先会对俄军轰炸机进行警告，然后起飞战斗机飞赴相关空域，进行识别、跟踪或拦阻，通常不会发生交火。俄战略轰炸机绕飞日本，更多还是出于政治目的，为了给日本和驻日美军带来直接威慑，这是其他手段都无法做到的。

日本航空自卫队拍摄的巡航过程中的图 -95MS 战略轰炸机。

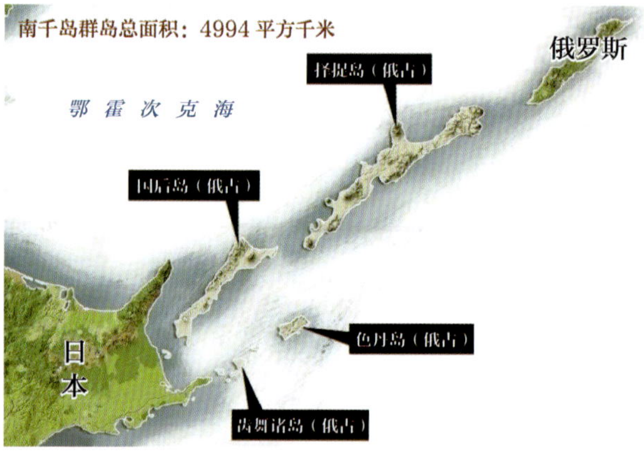

南千岛群岛由国后岛、择捉岛、色丹岛以及齿舞诸岛组成。

俄罗斯图 -160 战略轰炸机飞越美国航空母舰事件

2018 年秋，以美国为首的北约在北大西洋北部海域举行了冷战后最大规模军演“三叉戟接点 2018”联合军事演习，演习于 10 月 25 日至 11 月 7 日在挪威和北极海域举行，北约所有 29 个成员国及瑞典、芬兰共派出 5 万兵力、70 多艘战舰和 250 架战机参演。

该演习海上阶段包含了俄罗斯最敏感的北极海域，同时，美国航母在近 30 年后首次闯进北极圈，因此这

北约举行的“三叉戟接点 2018”联合军事演习被媒体广泛报道。

图 -160 战略轰炸机在演习海域威慑巡航时遭到北约战机拦截。

次演习引起了整个俄罗斯联邦武装力量的强烈反弹。在海上演习开始前，俄空军、海军和战略火箭部队就连续发射巡航导弹和弹道导弹，从核打击层面发出警告。演习开始后，俄空军立刻派出多架图 -160 战略轰炸机，于 11 月 1 日至 9 日分两个阶段对北约海上联合舰队所在区域进行了巡航。

其中，11 月 1 日至 3 日，图 -160 战略轰炸机在巴伦支海和挪威海上空进行了长达 10 小时的战斗巡航，最近时距离挪威海岸仅 13.9 海里，这对空射导弹射程一般都是 1000~2000 千米起步的战略轰炸机来说，简直是进入了无须“瞄准镜”的射击范围。此外，至少两架图 -160 战略轰炸机在此期间直接飞进了杜鲁门号航母和 70 多艘北约军舰演习的中心空域。

当时还有俄媒体报道称，11 月 6 日至 9 日，图 -160 战略轰炸机在同样空域进行了导弹发射，但并没有任何细节报道。直到 12 月 18 日，俄罗斯国防部长绍伊古亲自揭开了谜底。绍伊古在俄国防部扩大部务会议上透露，11 月，改装升级后的图 -160 战略轰炸机在北极空域成功试射 12 枚 X-101 空射巡航导弹，全部准确命中位于北极圈内的片博伊靶场靶标，俄轰炸机此举就是为了宣告，经过改装的轰炸机与最新空射导弹已经匹配成功，并且已经形成了战斗力。

俄罗斯出动本国最强战略轰炸机，在美国和北约诸多先进战舰面前展示远程对地精确打击能力，既是对北约针对俄罗斯最大规模军演发出明确警告，同时还隐含核打击意味。

尽管近些年来美俄两国之间的较量越来越激烈，但像上述俄罗斯轰炸机直接在美国航母编队上空发射导弹的行动还是非常罕见的。俄罗斯此举不仅十分霸气地宣示了自身的武力，对美国来说也是一种巨大的震慑。更重要的是，俄罗斯图 -160 战略轰炸机此次发射导弹的行动向美国展示了自己最新型的导弹，这显然是以实际行动威慑在海外部署的“杜鲁门”号航母，并敲打美国政府不要在危及全球安全与稳定的导弹研制问题上太过于玩火。不可否认的是，这同时也是对美国航母的一种羞辱。

下一代轰炸机发展方向展望

在高技术战争和新军事革命的背景下，以轰炸机为代表的火力打击作战飞机都开始了自身的革新。除了隐形化外，高空高速化、无人化和平台化都将是未来重型轰炸机的发展趋势。

未来战争中，尽管轰炸机不一定会起到决定性的作用，但仍然是取得战场优势不可忽视的重要因素之一。作为一种能发射武器（尤其是精确打击武器）的平台，它的技术发展及给战争带来的深远意义都将影响到其他作战武器的变革和更新。隐身轰炸机、无人轰炸机、高空轨道轰炸机和高超声速飞行器等都将成为军事大国发展的重点。

低空隐身化

隐身是新一代军用航空器的一个主要特色。随着科学技术的发展，现代防空雷达和导弹的精度已非常可观，任何没有隐身能力的目标在先进的防空作战系统面前无异于活靶子。特别是随着预警机和远程无人侦察机的普及（它们普遍装备了专用的下视雷达，用于和地面雷达的“补盲”配合）。原先的低空突防战术若要继续发挥威力，同时还要达成轰炸的突然性，那么隐身技术就是未来先进轰炸机不可或缺的要求之一。

战争实践证明，使用隐形武器特别是隐形飞机既安全又能达到预期的效果，它的作战威力已在海湾战争和科索沃战争中得到了充分发挥。海湾战争中，美国动用 42 架 F-117A 隐形战斗机，出动架次只占多国

俄罗斯新一代隐身战略轰炸机 PAK-DA 构想图。

部队总轰炸架次的 1.5%，却执行了总目标 40% 以上的作战任务且无一战损。随着隐形飞行器的大量使用，必将改变未来战争的作战模式，全球隐形打击已成为美空军未来作战的发展方向。

对于低空突防的轰炸机而言，提高飞行速度会带来成本上升、技术难度增大、航程缩短等弊端。另外，在大气层内的高速飞行，除机体摩擦会散发大量的红外线讯号以外，材料与制造的问题也会限制这方面的能力。显然，低空隐身化的优势要比低空高速突防的效果更佳。

在未来战场威胁日趋严重的情况下，提高轰炸机的隐身能力，降低轰炸机的可侦测性，更有利于达成隐蔽突然的作战效果，增强战时生存力。

美国的 B-2 战略轰炸机的实践表明，无尾飞翼的布局可以更好兼顾隐身、航程和载荷等各方面性能，美、俄新一代轰炸机均倾向于这种布局形式。

无尾飞翼的布局由于取消了垂尾、平尾等翼面并实现了翼身融合，因而外形散射源少，比常规布局更容易实现外形隐身。采用翼身一体化设计，增大了内

部空间，便于实现机载设备的优化布置，从而减小整机的外形尺寸。这种布局还便于将发动机进气道和尾喷管隐藏在机体内部，将大体积武器内埋，以降低整机的雷达及红外辐射特征。另一方面，无尾飞翼的布局在同等展弦比条件下，可获得更高的升阻比。翼身融合机身使机体结构设计简化，有助于减轻飞机结构重量，增大的内部空间可以提高飞机内部储油量和载弹量，也整体增加了飞机航程。

高空高速化

高技术条件下，空战已成为决定战争胜负的主要方式，而在所有空战飞机中，战略轰炸机作战威力最大。除了隐身以外，下一代轰炸机正逐渐朝着高空高速的方向发展。高空高速化可以进一步使轰炸机飞得更高、飞得更快，从而使其成为搭载高超声速武器的发射平台，确保为高超声速武器提供足够的初始速度和飞行高度。

高空高速化轰炸机的作战特点可以简要归纳为“三高一远一增强”，即：高飞行速度（1500 米 / 秒 ~4000 米 / 秒）、高飞行高度（20 千米 ~50 千米）、高突防能力（很难拦截）、远航程（10000 千米 ~15000 千米）、可以利用动能增强摧毁力。因而它既是一种效能很高的实战武器，也是一种高技术威慑武器。

速度超过 3 马赫的“瓦尔基里”高空高速战略轰炸机。

为了提高打击效率和作战能力，美国和苏联都一直在发展能从外层空间进行战略打击的高空高速轰炸机，即太空轰炸机。它可以驰骋在 100 多千米以上的高空，以 4 倍声速飞行，并能实现一个星期的高速巡航。

太空轰炸机是一种在近地轨道上运行、需要时可按指令重返大气层攻击某预定地面目标的天基作战武器。这种航天进攻武器的优点在于：第一，可从同一发射场向多个方向发射、攻击同一目标，使被攻击方措手不及；第二，平时可在空间轨道上与卫星一起运行，比较隐蔽和安全，令对方难以区别；第三，在空间轨道运行时始终处于待命状态，可随时机动变轨，选择攻击目标比较灵活；第四，太空轰炸机可在 300 千米高度轨道以 460 千米 / 小时的速度运行，只有在重返大气层时才有可能被发现，而此时离目标仅有 3 分钟左右的时间，对方很难组织有效拦截，所以增大了攻击的突然性；第五，可以攻击洲际弹道导弹射程达不到的地球背面目标，且相对行程比洲际导弹近，若以 300 千米高度的轨道运行，只需 45 分钟即可到达地球背面目标，使对方地面防御系统的预警时间大为缩短。

随着美国 X-51A“乘波者”高超声速无人飞行器试验成功，加快了其组建一体化防御系统的脚步，这种将“快速全球打击”与航天和反导技术相结合的防御，可制约别国核武器，使其失去威慑效能。

“乘波者”的推力系统可以在两种模式下运行。

飞行速度可达 6 马赫的美国 X-51A“乘波者”高超声速无人飞行器。

低速条件下，使用有氧燃料；高速条件下，使用无氧燃料。切换技术成熟后，航空与航天能力将实现无缝对接，届时，再加上高速飞行时材料耐热技术上的突破，太空轰炸机将不再是梦想。它不但可以在大气层内外自由飞行，还可以重复使用。除了美军，目前俄罗斯、法国、澳大利亚等国也不断展开类似试验，他们看重的正是其诱人前景。“乘波者”正式揭开了高空高速轰炸机的大幕，人类探索高超声速飞行器的步伐才刚刚开始。

无人化

在未来的高技术战争中，随着高性能远程打击装备的大量服役和广泛应用，其对战争模式、战争进程及战争的最终结局都将产生深刻影响。在那时，以远程无人精确打击为主导的非接触、非均衡作战将成为一种重要的作战样式。同时，随着大型无人机技术的不断进步，无人轰炸机也已具备了研发条件。

无人轰炸机第一次登上战场是 2001 年 10 月 17 日，美国在阿富汗反恐战争中首次使用携带海尔法反坦克导弹的“捕食者”无人机对基地组织一名高层人员进行了攻击。这是历史上首次无人机发射导弹用于轰炸地面目标的行动。

与有人驾驶飞机相比，轰炸机实现无人化后可带来一系列明显的技、战术优势：

一是可显著提高飞机的突防能力和生存力。轰炸机的机动性差、自防护手段单一，战时最好的突防/生存手段就是不被敌人发现，即提高自身隐身能力。而在同等技术条件下，无人轰炸机由于取消了驾驶舱及其他与人员相关的设备，其隐身能力明显优于有人机。

二是降低制造研发及人力资源成本。无人轰炸机由于简化了飞机的外形尺寸、机体结构和机身重量，使得研发与维修费用成本降低，升级换代周期也大大缩短。飞机操作难度降低，人员伤亡事故减少，轰炸机无人化后，相关训练的展开皆可在模拟训练器上进行。在人才培养周期缩短、相关训练费用减少的同时，可以避免飞机被击落后所造成的人员伤亡、被俘问题。

三是能满足多任务领域的需求。轰炸机航程远、

未来以远程无人精确打击为主导的非接触、非均衡作战，将成为一种重要的作战样式。

续航时间长，因而在时间敏感目标打击、持久ISR（情报、监视和侦察）等任务场合具有独特优势。一旦实现无人化，这些优势将进一步突出，因为无人机不存在人员疲劳和生理限制问题，其续航能力远非有人飞机所能比拟。今后，随着自主空中加油技术的成熟，无人机的续航能力将只受战损、自身故障等因素的制约。

因此，世界主要军事强国对无人作战飞机研究始终保持着浓厚的兴趣。美国和俄罗斯近年来相继推出X-45C、X-47B和“鳐鱼”等无人作战飞机试验机。X-47B被称为人类历史上第一架无须人工干预、完全由电脑操纵的无尾翼、喷气式无人驾驶飞机，也是第一架能够从航空母舰上起飞并自行回落的隐形无人轰炸机，被称为未来航母上的隐形杀手。

X-47B飞行性能较高，作战半径较长，可以在航母上自动起降，并有自主空中加油能力，加上其卓越的隐身性能，同美军各类现役战机相比，X-47B滞空时间更长，高达800海里的作战半径，既可使航母战斗群处于更安全的位置，也可更深入内陆执行打击任务。

美军X-47B型海基无人驾驶轰炸机正在航母上降落。

此外，X-47B最大的优势在于隐身突防，它拥有非常优异的雷达和红外低可探测性，保证其能够突破敌方防空圈，为后续有人驾驶作战飞机打开通路。

可以预见的是，今后人工智能技术一旦成熟，美、俄必将以其为基础，发展专用的无人作战飞机。与此同时，在更大型、威胁能力也更强的战略轰炸机领域，美、俄两国也在考虑引入无人驾驶技术。在未来战争的远程打击作战行动中，无人作战飞机将会与有人机密切配合、协同作战，尤其是在高风险、难生存、长航时、枯燥乏味的任务领域代替有人机，从而最大限度地提高整个机队的作战效能。

平台化

未来战争中，战场态势已经不再是传统战争中大规模部队和装备的集结作战，而是以精锐部队和精确打击为主的低杀伤作战模式。但是，现在还远未达到有某个国家在世界任何地区都能保持自己的空中优势的程度。所以，以美国为代表的一些国家开始考虑以轰炸机为平台、以远程精确制导武器为攻击系统的组合来实现自己的军事目的。即将轰炸机作为一个大型空中平台，依靠各类先进机载巡航导弹、激光武器、微波武器的加持，实现防区外的超远程打击能力。

随着美军网络中心战思想及协同作战体系的进一步发展，目前美军已不再片面强调新一代轰炸机的单机突防能力，而是更重视通过协同作战、体系支持来提高飞机的任务效能。新一代轰炸机将成为作战网络中的重要节点和作战平台，通过数据链接收来自空、天、地、海的多维信息并对信息高度融合，提高本机的态

未来，轰炸机必然会与各类远程精确制导武器相结合，实现防区外的超远程打击能力。

势感知能力，使得轰炸机在防区外建立武器发射条件，同时将配备多种远程巡航导弹，具备防区外精确打击能力，实现指控与打击的完美结合。

总之，新一代轰炸机作为空中重要的作战平台，任务要求必然多样化，不仅要能够携带多种武器，还要能携带高超声速武器实现快速打击，携带常规制导武器实现精确打击，挂载核武器达到战略核威慑目的。未来轰炸机还可以携带低成本智能化的蜂群无人机系统或蜂群导弹，在防区外打击机场、大型舰船编队、地面装甲车辆等目标。此外，新一代轰炸机还能成为新质作战力量的重要载具，比如携带机载激光武器、电子对抗等装备，可以有效弥补现有防御手段的不足，进一步提高轰炸机的战场生存力。